buildingSMART Germany

BIM Basics
BIM und KI in Wissenschaft & Unternehmerpraxis

Klaus Teizer und Patrick Koska
(Hrsg.)

bSD Verlag

Über buildingSMART Deutschland

buildingSMART Deutschland ist das Kompetenznetzwerk für digitales Planen, Bauen und Betreiben von Bauwerken. Als Teil der internationalen buildingSMART-Community agieren wir interdisziplinär, anwender- und praxisorientiert. Mehr als 600 Unternehmen, Forschungs- und Hochschuleinrichtungen, Behörden und Institutionen der öffentlichen Hand sowie Privatpersonen aus allen Bereichen der Bau- und Immobilienwirtschaft sind Mitglied bei buildingSMART Deutschland. Sie eint das Bestreben, Digitalisierung erfolgreich mitzugestalten. Dazu engagieren sich buildingSMART-Mitglieder ehrenamtlich an der Entwicklung von offenen und herstellerneutralen Standards für digitale Methoden und Werkzeuge und bringen über buildingSMART International diese Arbeiten auf die globale Ebene. Auf regionaler Ebene sind buildingSMART-Mitglieder in Regionalgruppen organisiert und treiben über lokale und regionale Netzwerke den Wissens- und Erfahrungsaustausch in der Breite voran. So wirkt buildingSMART global, national und regional aktiv daran mit, verlässliche und anwendergerechte Rahmenbedingungen und Standards für eine erfolgreiche Digitalisierung der Bau- und Immobilienwirtschaft in Deutschland zu entwickeln. www.buildingsmart.de

Vorwort

Digitalisierung, Industrie 4.0, Machine Learning, Internet of Things, Smart Home, digitale Geschäftsmodelle und Künstliche Intelligenz – das sind Schlagworte, welche die Wirtschaft weltweit umtreiben.

Die Rahmenbedingungen verändern sich im Zeichen des Wandels und der stetig notwendigen Erneuerung für Mensch, Gesellschaft und Unternehmen gleichermaßen rasant. Die Digitalisierung berührt alle Lebensbereiche und ist zugleich Verheißung, Fluch und letztendlich unumkehrbar. In Zeiten der Corona-Pandemie wurden digitale Lösungsangebote in Aus- und Weiterbildung und Homeoffice von heute auf morgen benötigt und offenbaren zugleich deren Mehrwerte und Hemmnisse. Was früher im Denken und Handeln der Beteiligten unerreichbar schien, wird technologisch in Gesellschaft, Behörden und Unternehmen in wenigen Wochen als alternativlos akzeptiert und implementiert. Der Onlinehandel mit Waren und digitalen Dienstleistungen erlebt deutliche Umsatzsteigerungen. Dabei ist das gesamte Wirtschaftsleben bei der Generierung zukunftsfähiger Geschäftsmodelle gefordert.

Mit der zunehmenden Digitalisierung spielen Informationen und Daten sowie deren Vernetzung untereinander eine immer wichtigere Rolle. Mit KI-basierten Lösungen können Daten mittels Algorithmen weiterverarbeitet und somit neue Möglichkeiten und Ansätze erschlossen werden. Die Grundvoraussetzung und zugleich die Herausforderung zum Einsatz von KI besteht dabei in der Aufbereitung und Strukturierung von maschinenlesbaren Daten.

Die fortschreitende Digitalisierung unseres Arbeitslebens beschränkt sich jedoch nicht nur auf technologische Belange und Fertigkeiten, sondern fordert in ihrer Notwendigkeit allgemein etablierte Unternehmens- und Führungsstrukturen fundamental heraus. Mit dem Wechsel der Rahmenbedingungen vollzieht sich eine Haltungs- und Kulturveränderung.

Auch die gesamte Wertschöpfungskette „Bau" befasst sich mit dem globalen Megatrend der Digitalisierung, in der Nachhaltigkeit bei gleichzeitiger Reduzierung von Verschwendung gefragt sind.

Mit Building Information Modeling (BIM) liegen im digitalen Bauwerksmodell einheitlich strukturierte Informationen zu vielen praktischen Anwendungsfällen vor. Die Königsdisziplin ist es jetzt aufbauend auf schlanken und verschwendungsarmen Arbeitsschritten das digitale Planen, Bauen und Betreiben mit BIM und KI-basierten Algorithmen hin zu digitalen Geschäftsmodellen zu erweitern.

Zu allen oben benannten Themengebieten liegen zahlreiche Fachaufsätze und Expertenmeinungen vor. Die in dieser Publikation beschriebenen Impulse, Ideen und praktischen Ansätze erheben bewusst keinen Anspruch auf Vollständigkeit und sollen keine allgemeingültige Patentlösung bieten. Zumal der ethische Dialog zur Wechselbeziehung von Menschen und intelligenten Maschinen in Vereinbarkeit zu gesellschaftlichen Normen und Werten durch den Einsatz von KI-Anwendungen erst beginnt.

Diese Publikation soll elementare Grundlagen im Verständnis der Begriffe und technologischen Zusammenhänge sowie erste Einsatzmöglichkeiten anschaulich aufzeigen. Anhand der Beiträge aus Wissenschaft und Unternehmenspraxis soll sie beim Leser darüber hinaus den unternehmerischen Mut bekräftigen, zur notwendigen Veränderung und Entscheidungsfindung beitragen oder eine Bestätigung des eigenen Handelns bewirken. Mit den hier aufgezeigten Beispielen, dem Erkennen der Möglichkeiten, derzeitigen Hemmnissen und Mehrwerten soll diese Publikation getreu dem Motto „Einfach machen" den Perspektivenwechsel ermöglichen.

Dass BIM und KI und die daraus neu entstehenden Möglichkeiten bis hin zu digitalen Geschäftsmodellen nach Meinung der Autoren die Zukunft gehört, sei hier schon vorweggenommen.

Wir möchten uns ganz besonders bei allen mitwirkenden Autoren als Experten in ihrem Fachgebiet sowie für das großartige Engagement und die tatkräftige Unterstützung herzlich bedanken. Ohne ihr Engagement wäre diese Publikation nicht möglich gewesen. Die spürbare Begeisterung und die Bereitschaft zur Offenheit resultierend aus den eigenen Erfahrungen haben diese Publikation signifikant mitgeprägt.

Ebenso gilt unser Dank für die Möglichkeit und Unterstützung Gunther Wölfle und Wilma Marx in der Geschäftsstelle von buildingSMART Deutschland. Ohne ihren Impuls und Zuspruch wäre diese Publikation nicht entstanden.

Karlsruhe, Juli 2021

KLAUS TEIZER

Führung Technik + Innovation, Vollack Gruppe, und Vorstand buildingSMART Deutschland e. V.

PATRICK KOSKA

BIM-Manager, Vollack Gruppe

Inhalt

1 Ausgangslage und Motivation

KLAUS TEIZER UND PATRICK KOSKA

Ein Blick zurück

Die industrielle Revolution hat ihre Ursprünge in der Gründung der ersten frühindustriellen Fabriken zum Ende des 18. Jahrhunderts. Hier wurde auch der Grundstein für den Übergang von manufaktur-geprägter Heimarbeit zur industriellen Massenproduktion in Fabriken mittels Maschinen im 19. Jahrhundert gelegt. Den Beginn markierte Thomas Newcomen 1712 mit der ersten einsetzbaren, atmosphärischen Dampfmaschine zur Entwässerung von Stollen im Bergbau. Bereits 1720 wurde durch Jacob Leupold in Preußen und Sachsen eine Hochdruckdampfmaschine entwickelt. James Watt, dem fälschlicherweise die Erfindung der Dampfmaschine zugeschrieben wird, erhöhte 1769 mit seiner patentierten Dampfmaschine signifikant den Wirkungsgrad auf Basis der Ideen von Newcomen und dessen Maschine.

Von nun an war die Herstellung von Waren nicht mehr an vorgegebene Standorte mit natürlichen Energiequellen wie Wind- und Wassermühlen gebunden. Der Einsatz von Dampfmaschinen und die Mechanisierung der Produktion wurden zunächst maßgeblich durch das Textilgewerbe beeinflusst. Neben ersten Maschinenfabriken zur Herstellung von Dampfmaschinen wurden mittels neuartiger Werkzeugmaschinen Spinn- und Webmaschinen für die damals hohe Nachfrage an Web- und Leinenstoffen hergestellt.

① Grundsanierte ehemalige Fabrikgebäude der Spinnerei und Weberei im Ettlinger Albtal und Transformation zur High-Tech-„Ideenspinnerei"

Dies führte in der zweiten Hälfte des 19. Jahrhunderts zur Hochindustrialisierung, in der Kraftmaschinen wie Dampfmaschinen und Arbeitsmaschinen eingesetzt wurden. Der Wandel vom Agrar- zum Industriestaat in Deutschland vollzog sich hin zur Massenproduktion ebenso in der Stahlherstellung wie auch in vielen weiteren Wirtschaftsbereichen mittels Automatisierungs- und Rationalisierungsbestrebungen.

Die ehemals handwerklich hoch qualifizierten Heimarbeiter wurden zu Maschinisten und Fabrikarbeitern und ihre Qualifikation orientierte sich entsprechend den produktionstechnischen Anforderungen.

Technischer Fortschritt und sozial-gesellschaftlicher Strukturwandel

In dieser Zeit entstanden beispielsweise im Ettlinger Albtal, südlich von Karlsruhe, große Textil-, Spinnerei- und Webereibetriebe. Die dort neu gegründete und heute noch existierende Fabrik avancierte ab den

1830er Jahren mit über 1.700 Beschäftigten zu einem der größten Arbeitgeber im damaligen Großherzogtum Baden.

Allerdings war die industrielle Revolution und die Technisierung des Wirtschaftslebens nicht für alle zugleich ein Segen und somit eine Erfolgsgeschichte. Die sozial-kulturelle Erforschung des gesellschaftlichen Wandels dieser Jahrzehnte berichtet auch vom Phänomen des „Maschinensturms" im Widerstand gegen die Industrialisierung.

Als vereinzelter Protest pro Handarbeit gegen die mechanisierte Massenproduktion wurden Maschinen attackiert und zerstört. Hierzu gibt es zahlreiche historische Beispiele aus Thüringen, Preußen, Böhmen und vielen anderen Regionen in Mitteleuropa. Nach neuesten Forschungen hatten die ausgelösten Existenzängste unterschiedliche Ursachen. Ungeachtet aller zwischenzeitlich erfolgten historischen Deutungen sind für diese ersten frühindustriellen Unruhen die Weberaufstände in Schlesien in den 1840er Jahren zu nennen. Hierbei stand nicht der direkte Protest gegen die Maschinen und Technikfeindlichkeit im Vordergrund, sondern die sich daraus ergebenden regional bedingten neuen Lebens- und Arbeitsumstände.

Um der wirtschaftlich-sozialen Sprengkraft der Industrialisierung entgegenzuwirken, wurden Ende des 19. Jahrhunderts die in Deutschland bis heute existierenden staatlichen Sozialsysteme aufgebaut.

Industrie 4.0 als Vorbild für die Baubranche

Nach Darstellung der Ursprünge frühindustrieller Entwicklungen denkt auch der Begriff „Industrie 4.0" die Produktionsprozesse revolutionär neu. Dabei wird die Industrie 4.0 oftmals als das Vorbild für das digitale Planen, Bauen und Betreiben gesehen.

Von der manufakturgeprägten Handarbeit im 19. Jahrhundert mittels Wasser- und später Dampfkraft (Industrie 1.0) kommend, entwickelte sich in Fabriken ab Anfang des 20. Jahrhunderts unter dem Einsatz von elektroangetriebenen Einzweckmaschinen (Industrie 2.0) in starren Produktionslinien die fließbandorientierte Massenproduktion. Die Produktivität konnte ab Mitte des 20. Jahrhunderts durch den Einsatz von Elektronik und IT (Industrie 3.0) nochmals signifikant gesteigert werden. In diese Zeit fällt auch die Entwicklung des Toyota-Produktions-

Systems (TPS) durch Taiichi Ohno. In der Studie „International Motor Vehicle Program" des Massachusetts Institute of Technology (MIT) durch Womack, Jones und Roos wurde erstmals unter dem Titel „The Machine That Changed the World" der Begriff „Lean Production" geprägt.

Nach dem kriegsbedingten Wiederaufbau, der Marktsättigung in den 1970er Jahren und dem Einsetzen des globalen Wettbewerbs steht seit Beginn der 2010er Jahre die Industrie vor neuen Herausforderungen: Prozessoptimierte und starr angeordnete Maschinen erlauben keine Fertigung unterschiedlicher Produkte und kurzfristige Anpassung an den Bedarf eines volatilen Marktes. Zumal das Potenzial dieser starren Fertigungsprinzipien ausgeschöpft ist. Dies führt zur Industrie 4.0, in der eine personalisierte Massenproduktion auf einer Basis von vernetzten sowie modular-rekonfigurierbaren Fertigungssystemen beruht.

Der Begriff „Industrie 4.0" wurde, resultierend aus Umsetzungsempfehlungen eines gleichnamigen Arbeitskreises auf der Hannover-Messe, in den Jahren 2011/13 geprägt.

Als Beispiel für die Industrie 4.0 dient der Mensch, welcher komplexe Aufgabenstellungen nicht durch spezifische Anpassung – sondern durch Flexibilität – resultierend aus der Fähigkeit sich zu vernetzen und zu kooperieren erreicht. Durch die Integration digitaler Werkzeuge mit der Interaktion des Menschen in der gesamten Wertschöpfungskette vom Produktdesign, -planung und -engineering, über die Produktion bis hin in den Servicebereich ergibt sich die Möglichkeit zur „Losgröße 1"-Produktion. Mittels Einbindung bislang ungenutzter Daten, der Vernetzung von Planungs- und Produktionskapazitäten wie auch dem Einsatz von KI beispielsweise in der Vorhersage von Kundenbedarfen wird der Industrie 4.0 ein hohes Nutzenpotenzial bescheinigt.

Die Baubranche im Wandel

Gleiches wird BIM in Kombination und Einsatz mit Künstlicher Intelligenz zugesprochen. Mit dem Aufkommen von CAD-Systemen Ende der 1980er Jahre und dem Einsatz von BIM mit Beginn des 21. Jahrhunderts wurde das digitale Zeitalter auch im Planen und Bauen eingeläutet. Abgesehen von eingesetzten Baumaschinen und der Haustechnik unterscheiden sich Bauprojekte in ihren Abläufen und Prozessen zu früheren Jahrzehnten nicht wesentlich. Gleiches gilt nicht nur für die Bauausführung, sondern auch für die Planung. Bisher waren Wissens- und Arbeitsverluste mit Doppel- oder gar Dreifacharbeit in Bauprojekten aufgrund eines sequenziellen Abarbeitens von Leistungs- und Beauftragungsphasen toleriert bzw. nicht erkannt worden.

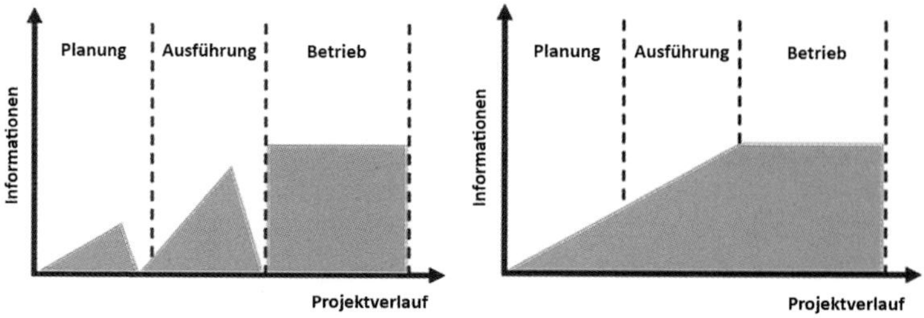

② Integrierte, flussorientierte Verzahnung von Planung, Ausführung und Betrieb mit Fokussierung auf den Kundenwert durch gelebte Kollaboration und transparentes Informationsmanagement

Jetzt setzt auf der Datenautobahn in Richtung Zukunft die digitale Arbeit in Echtzeit „zum Überholen" an. Wissen und Arbeit werden transparent geteilt und die beste Variante wird schrankenfrei mit allen Planungs- und Baubeteiligten gemeinsam erarbeitet. Ganz im Sinne des Projekterfolgs.

Dass diese veränderte Herangehensweise an seit Jahrzehnten gültigen Standards rüttelt, ist unabdingbar. Die strikte Trennung von Planung und Bau ist ein Beispiel. Die zur Verfügung stehende Software und Technologie kann den kollaborativen Erfolg mittels offener BIM-Standards und Lean Construction schon heute abbilden. Die gewünschte und erhoffte Effizienz ist allerdings nicht ohne Anpassung und Modernisierung der Organisations-, Unternehmens- und Führungsstrukturen möglich. Auch die Unternehmensführung muss im Zuge der Digitalisierung durch BIM und Lean Construction ein neues Zeitalter einläuten.

Viele Organisationen und Unternehmen beschäftigen sich zunehmend mit der Gestaltung der digitalen Bauprojekte durch schlanke Prozesse, in der durch Lean Construction die Effizienz des gesamten Wertschöpfungsprozesses zunehmend in den Fokus rückt.

Der Vorteil für den Kunden: Bauprojekte können in punkto Zeit, Qualität und Kosten noch verlässlicher und klarer projektiert und umgesetzt werden.

Zukunftsweisende Geschäftsmodelle mit BIM und KI

Ähnlich wie bei der Industrie 4.0 nimmt die BIM-Methode unter Beachtung von Lean Construction Einfluss auf die gesamte Wertschöpfungskette Bau: vom Entwurf über Kosten, Planung, Ausführung und die sich anschließende wichtige Betriebsphase.

So gibt es beispielsweise erste KI-basierte Anwendungen in der Entwurfs- und Planungsphase von Bauwerken. Hier werden Algorithmen zur Generierung von sinnvoll-machbaren Varianten als Beschleuniger mit Optimierung der vorliegenden Projektinformationen eingesetzt. Dabei werden auch der Bauherr und spätere Nutzer zur bestmöglichen Variantenfindung aktiv eingebunden.

```
(defn- flood-neighbors*
  [source-node neighbors g]
  (let [source-weight (pdg-weight g source-node)
        add-weight    (fn [g n] (- (pdg-weight g n) source-weight))]
    (reduce (fn [g n]
              (let [w (add-weight g n)
                    w (if (> w 1) w 1)]
                (println-dynamic "Flooding from " source-node "→" n " | Weight:" w)
                (uber/add-attrs g n {pdg-weight w})))
      g neighbors)))

(defn- flood-neighbors!
  "Take the weight of source-node and pass it along to it's direct neighbors."
  [source-node neighbors]
  (swap! ptp-state #(flood-neighbors* source-node neighbors %)))

(defn- safe-nodes-to-remove
  "If the left boundary is distinct, returns a collection of nodes without
  right boundary nodes. Otherwise, just returns the input."
  [boundary nodes-to-remove]
  (let [rb-nodes (pu/flatten-boundary boundary :right)]
    (if (lb=rb? boundary)
      nodes-to-remove
      (filter #(not-contains? rb-nodes %) nodes-to-remove))))
```

③ KI-Algorithmus zur Optimierung einer Entwurfs- und Gebäudeplanung

Die Grundvoraussetzung für den Einsatz dieser ersten KI-Werkzeuge sind digitale Daten und Informationen, welche zunächst ihren Ursprung aus Erfahrungen der Anwender mit manuell eingegeben Beziehungen zueinander haben. Mit weiteren und neuen Anwendungen sowie dem Dazulernen der Beteiligten und des Algorithmus werden sich weitere Erfolge und Mehrwerte einstellen.

Als bekanntes Beispiel für das Potenzial ist der Schachcomputer „Deep Blue" von IBM zu nennen. Anfangs seiner fast 10-jährigen Optimierung von Schachexperten belächelt, hat sich der KI-Algorithmus spätestens ab Mitte der 1990er Jahre unter regulären Turnierbedingungen als menschlich fast unschlagbar weiterentwickelt.

Wir sind mit BIM und KI im Denken und Handeln der gesamten Wertschöpfungstiefe, mit der Verknüpfung von bis dato ungenutzten Informationen und Daten, der aktiven Beteiligung und Kollaboration aller Beteiligten, den zukünftigen Möglichkeiten durch das Internet der Dinge (IoT) sowie E-Commerce-Lösungen an der Schwelle zu digitalen, zukunftsfähigen Geschäftsmodellen.

In der digitalen Transformation herkömmlicher zu digitalen Geschäftsmodellen besteht für alle Organisationen und Unternehmen zugleich Handlungsbedarf. Die Planungs- und Bauwirtschaft steht wie andere Branchen auch an der Schwelle zum Übergang.

Aus der Geschichte lernend, sollte der proaktive Dialog in der Gesellschaft einhergehen. Dabei sind unter Beachtung unserer eigens geschaffenen, allgemein anerkannten Normen, Werte und Grundsätze die Veränderungen bedingt durch den Einsatz von Künstlicher Intelligenz auf sozialen, kulturellen und ethischen Aspekten des Zusammenlebens zu erörtern.

2 Was ist BIM?

VALENTIN SCHMIDT

Definition

„Building Information Modeling“ (BIM) beschreibt eine kooperative Arbeitsweise der Planung, Ausführung und dem Betrieb von Bauwerken unter Einsatz digitaler Technologien und Prozesse. Hierzu wird ein digitales dreidimensionales Bauwerksmodell erstellt, welches neben den geometrischen Eigenschaften der Einzelbauteile alle relevanten Informationen in Form von Attributen enthält. Das stets aktuelle, digitale Abbild des Gebäudes – die „vorgezogene Zukunft“ – kann von allen Projektbeteiligten als transparente Informationsquelle verwendet werden. Idealerweise wird das digitale Bauwerksmodell über die Planung hinaus im gesamten Lebenszyklus fortgeschrieben und genutzt.

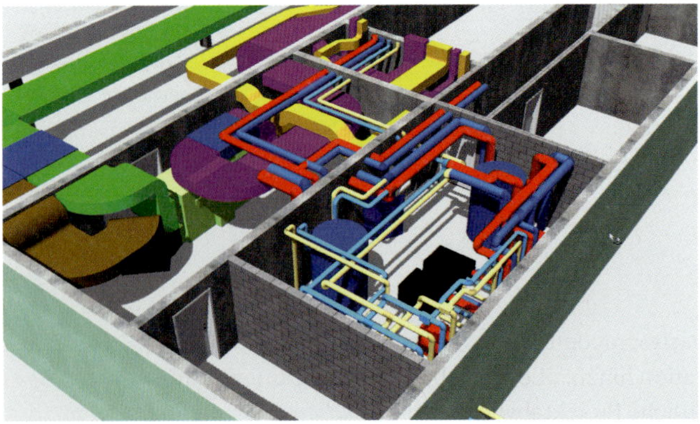

④ Architekturmodell in Verbindung mit dem Fachmodell „TGA“ zur Veranschaulichung der Technikräume

Vom Reißbrett zur digitalen Arbeitsweise

Die Idee ist nicht neu – bereits in den 1970er Jahren wurden graphische und alphanumerische Informationen miteinander verknüpft und erste semantische Computermodelle erstellt. Die flächendeckende Einführung von CAD-Systemen, mit welchen zunächst zweidimensional „wie am Reißbrett" gearbeitet wurde, erfolgte Anfang der 1990er Jahre. Kurze Zeit später, ab Mitte der 1990er Jahre, führten einige innovative Planungsbüros das dreidimensionale Arbeiten ein. Etwa zur selben Zeit wurden die Grundlagen zum Einsatz von BIM in Bauprojekten gelegt.

2015 wurde vom Bundesministerium für Verkehr und digitale Infrastruktur (BMVI) der „Stufenplan Digitales Planen und Bauen", vorgestellt. Dieser definiert ein gemeinsames Verständnis der BIM-Methode und verfolgt das Ziel der schrittweisen Einführung von BIM im Zuständigkeitsbereich des BMVI.

BIM setzt Standards in der digitalen Zusammenarbeit voraus

Da BIM ein hohes Maß an Strukturierung und Vereinbarungen aller Beteiligten erfordert, sind allgemeine Standards, Normen und andere Hilfestellungen von zentraler Bedeutung.

Die international agierende, nichtstaatliche Non-Profit-Organisation buildingSMART hat sich zum Ziel gesetzt, offene Standards für den Informationsaustausch und die Kommunikation der unterschiedlichen Beteiligten zu etablieren.

Vom Verein Deutscher Ingenieure (VDI), welcher eng mit dem Deutschen Institut für Normung (DIN) zusammenarbeitet, wurde die Richtlinienreihe VDI 2552 „Building Information Modeling" entwickelt. Dabei wird zwischen drei BIM-Levels differenziert: „Level 0" beschreibt das linien- und flächenbasierte CAD. In „Level 1" wird objektbasiert modelliert. In „Level 2" kommt die modellbasierte Kooperation hinzu. „Level 3" beschreibt die integrierte, kooperative, ganzheitliche Projektabwicklung.

Little BIM, Big BIM, Closed BIM, Open BIM

Hinsichtlich des Einsatzumfangs bzw. der Anwendung wird zwischen Little BIM und Big BIM unterschieden: Little BIM beschreibt den Einsatz als Insellösung in einem Fachbereich. Big BIM steht für den integrierten Einsatz in unterschiedlichen Fachdisziplinen. Bei der Softwareanwendung und dem Austausch von Daten wird zwischen Closed BIM und Open BIM differenziert: Mit Closed BIM werden lediglich die Programme eines Softwareherstellers genutzt. Der Austausch erfolgt mittels herstellerspezifischer Formate. Bei Open BIM kommt Software unterschiedlicher Hersteller zum Einsatz. Der Datenaustausch ist über ein offenes Austauschformat möglich.

Industry Foundation Classes (IFC)

Industry Foundation Classes (IFC) stellt ein solches offenes hersteller- und länderübergreifendes Austauschformat dar. Es ermöglicht den modellbasierten Daten- und Informationsaustausch zwischen verschiedenen proprietären Software-Anwendungen und beinhaltet Informationen aller am Bauprojekt mitwirkenden Disziplinen. Seit dem Release der Version IFC4 sind die IFC unter ISO 16739 als Internationaler Standard registriert. Anwendung findet derzeit jedoch überwiegend noch die Version 2x3. Die fortlaufende Weiterentwicklung der IFC findet unter dem Dach von buildingSMART statt.

BIM Collaboration Format (BCF)

Daneben entwickelt buildingSMART das sogenannte „BIM Collaboration Format“, kurz BCF. Dieses ermöglicht die Übertragung von Aufgaben und Informationen mittels Markierungen im 3D-Modell zwischen unterschiedlichen Softwaresystemen. Damit können Informationen, beispielsweise zu Kollisionen zwischen den einzelnen Planungsbeteiligten ausgetauscht und auf Probleme hingewiesen werden.

Auftraggeber-Informations-Anforderungen (AIA)

Um eine transparente und kooperative Zusammenarbeit zu ermöglichen, sind von Beginn an klare Regelungen zwischen den Beteiligten zu treffen. Die Auftraggeber-Informations-Anforderungen definieren die digitalen (BIM-) Ziele und damit die Anwendungsfälle des Bauherrn und beschreiben so die Anforderungen in Form eines BIM-Lasten- bzw. Pflichtenheftes.

BIM-Abwicklungsplan (BAP)

Aufbauend auf den im Rahmen der Auftraggeber-Informations-Anforderungen (AIA) beschriebenen BIM-Zielen, wird im BIM-Abwicklungsplan (BAP) die digitale Zusammenarbeit der Planungs- und Baubeteiligten geregelt. Basierend auf den BIM-Zielen und allgemeinen Projektinformationen, werden die Anwendungsfälle, Rollen und Verantwortlichkeiten, Prozessabläufe und Termine sowie die Datenqualität festgelegt. Wer, was, wann in welchem Modelldetaillierungsgrad (MDG) zu liefern hat, ist Bereitstellungsplänen zu entnehmen.

Grundmodell und das „Ideale Layout“

Das „Ideale Layout“ stellt die wesentlichen Züge der Gebäudestruktur auf Basis einer Ziel- und Bedarfsplanung mit dem Bauherrn dar. Als architektonische Basis wird darauf aufbauend ein Grundmodell erstellt, das den einzelnen Fachplanern als „Referenzmodell“ auf einer Kollaborationsplattform zur Verfügung gestellt wird. Dieses dient somit als Grundlage für die Erstellung von Fachmodellen der Tragwerks-, TGA- und Elektroplanung.

Modellarten, Koordination und Kollaborationsplattform

Die Modelle der unterschiedlichen Planungsbeteiligten werden als Fachmodelle bezeichnet, welche sich wiederum in einzelne Teilmodelle untergliedern lassen. Dies kann beispielsweise bei aufeinanderfolgenden Bauabschnitten oder zwecks einer einfacheren Datenhaltung erfolgen. Das Koordinationsmodell besteht aus mehreren zusammengeführten Fach- und/oder Teilmodellen zum Zweck der Koordination und Kollaboration. Die temporäre Zusammenführung findet auf einer Kollaborationsplattform oder in einem Modell Checker statt und dient der Koordination der Gewerke sowie der Qualitätsprüfung.

⑤ Koordinationsmodell als Visualisierung und zur Kollaboration aller Planungs- und Baubeteiligten

Die modellbasierte Kollaboration aller Planungsbeteiligten

Durch die modellbasierte Zusammenarbeit ergeben sich Vorteile für alle Planungsbeteiligten. Die Visualisierung schafft ein besseres Verständnis für die Beeinflussungen zwischen den unterschiedlichen Disziplinen und fördert das gemeinschaftliche Gesamtverständnis. Durch die softwaregestützte Kollisionsprüfung werden Planungsfehler und Kollisionen zwischen den einzelnen Fachmodellen frühzeitig sichtbar. Die Vielzahl an Informationen in Form von Dokumenten,

Listen, Plänen und Modellen lassen sich über ein Common Data Environment (CDE) zusammenführen, strukturieren und allen Projektbeteiligten bereitstellen.

Vorteile in der gesamten Wertschöpfungskette

Anhand des digitalen Bauwerksmodells können in der Architektur- und Objektplanung Grundrisse, Schnitte und Ansichten – insbesondere aber auch Stück- und Mengenlisten – generiert werden.

Die Verknüpfung von CAD, Kalkulation und AVA ermöglicht die automatisierte Ermittlung der Bauwerkskosten: Die Mengen der einzelnen Bauteile werden modellbasiert berechnet und in entsprechende Kalkulations- und Ausschreibungssoftware importiert. Durch die automatisierte Zuordnung der Bauteilmengen zu den zugehörigen Leistungspositionen und die anschließende Multiplikation mit hinterlegten Einheitspreisen lassen sich zu jedem Zeitpunkt die „Realtime"-Kosten generieren. Die Verknüpfung von Kalkulation und Ausschreibung ermöglicht die Weiterverarbeitung zu vergabereifen Leistungsverzeichnissen und führt zu einer durchgängigen, effizienten Arbeitsweise im gesamten Kalkulations-, Ausschreibungs- und Vergabeprozess.

Auch die Bauausführung profitiert von BIM: Auf Grundlage des digitalen Gebäudemodells lassen sich kritische Abläufe simulieren, Soll-Ist-Vergleiche durchführen und die Baustellendokumentation erstellen. Damit unterstützt BIM den Weg zur Baustelle 4.0. Ergänzend kommen für die Erfassung des Bestandes oder des Ist-Zustandes Laserscanning und Drohnen zum Einsatz. RFID-Technologien (Radio-Frequenz-Identifikation) ermöglichen die Identifizierung und Lokalisierung von Bauteilen, Maschinen und Fahrzeugen.

In der Betriebsphase kann das Bauwerksmodell mit den im Laufe des im Planungs- und Bauprozesses generierten Daten als Grundlage für das CAFM (Computer-Aided Facility Management) verwendet werden. Im Sinne des Wertschöpfungsprozesses und des Kundenwerts ist darauf zu achten, den Betreiber nicht ausschließlich als Empfänger am Ende des BIM-Prozesses zu sehen. Vielmehr sollten die Anforderungen aus der

Sicht der Betriebsphase frühzeitig definiert und im gesamten Planungs- und Bauprozess berücksichtigt werden.

Derzeitige Effizienzpotenziale

Die zahlreichen Vorteile der BIM-basierten Arbeitsweise kommen derzeit nur bedingt zur Geltung. Bereits in frühen Phasen wird ein umfassendes digitales Bauwerksmodell erstellt. Dieses steht im Zentrum der BIM-basierten Arbeitsweise und bildet die Grundlage für jegliche Anwendungsfälle. Die höhere Detailtiefe im frühen Stadium führt zu einer besseren Planungsqualität, erfordert aber auch einen erhöhten Arbeitsaufwand in frühen Planungsphasen.

Eine zu diesem Zeitpunkt häufig fehlende Ziel- und Bedarfsplanung sowie die gleichzeitige Forderung nach einer hohen Detaillierung des Modells wirkt auf viele Anwender abschreckend. Ein vordefinierter Content, bestehend aus vorgefertigten Bauteilen und vollständigen Bauelementen kann hier Abhilfe schaffen. Das Angebot an standardisiertem Content ist derzeit jedoch überschaubar und erfahrungsgemäß lässt sich dieser nur bedingt für den Anwender und dessen Projekte anwenden.

Ein weiteres Hindernis besteht derzeit noch darin, dass die Zusammenarbeit der unterschiedlichen Beteiligten und die übergreifenden Prozesse nicht klar definiert sind. Die entscheidende Frage ist hierbei, wann welche Information für wen in welcher Detaillierung verfügbar sein muss. Zwar existieren BIM-Abwicklungspläne, Muster-Ablaufdiagramme sowie detaillierte Prozesslandkarten – diese überfordern jedoch aufgrund der Komplexität viele Anwender, kollidieren mit den Tücken der Praxis und finden erfahrungsgemäß wenig Anwendung.

Fehlende Regelungen und Erfahrungen bezüglich der Vergütung von BIM-Leistungen stellen momentan ein weiteres Hemmnis dar. Auch Vertragsgestaltung, Haftung, Urheber- und Datenschutzrecht sorgen gerade in kleinen Planungsbüros für Unsicherheiten.

3 Was ist KI?

PATRICK KOSKA

Vorneweg der Fokus auf die Baubranche

Seit geraumer Zeit ist zu beobachten, dass der Begriff der Künstlichen Intelligenz, kurz auch KI genannt, im verstärkten Maße ins Rampenlicht des Interesses von Gesellschaft, Wissenschaft und Unternehmenspraxis rückt. Wie zahlreiche Diskussionen und Dialoge zeigen, steht das Schlagwort KI für Fortschritt und Aufbruch in ein neues Zeitalter mit vielen ungeahnten Möglichkeiten.

Oftmals wird die KI in ihrer Vielfältigkeit und Bandbreite der Einsatzmöglichkeiten aus den berechtigten Perspektiven der Informatik, der Anwendersicht wie auch aus ethischen Belangen unterschiedlich beschrieben. Umso schwerer ist es damit für den interessierten Einsteiger und Entscheider in Unternehmen sich einen Überblick und ein Grundverständnis zu verschaffen.

Dieses Kapitel soll unter Reduktion der im Detail unweigerlich auftretenden Komplexität einen Überblick über die Thematik bieten und die grundlegenden Zusammenhänge darstellen. Dabei werden bewusst einige Themen lediglich angeschnitten und als Ausgangspunkt für die weitere persönlich Recherche in den Raum gestellt. Die im Verlauf dieser Publikation genannten Methoden und technologischen Werkzeuge stellen somit eine erste Auswahl dar und sind beliebig erweiterbar.

Zu Gunsten der Lesbarkeit und kausalen technologischen Zusammenhänge wurde in diesem Kapitel bewusst eine Auswahl der Begriffe und deren Erläuterung in vereinfachender Form vorgenommen. Dabei liegt der Fokus auf der gesamten Wertschöpfungskette Bau und deren

Entwicklungspotenziale. Ebenso sind alle Fachbegriffe soweit möglich in deutscher und englischer Übersetzung angegeben. Für weiterführende Darstellungen wird auf die im Literaturverzeichnis aufgeführte Fachliteratur verwiesen.

Globaler Megatrend der Digitalisierung

Wer sich mit der Frage „Was ist KI?“ beschäftigt, wird früher oder später auf den Begriff „Digitalisierung“ stoßen. Ursprünglich versteht sich hierunter eine Dematerialisierung von Produkten, Dienstleistungen und Prozessen hin zu digitalen Formaten. Inzwischen werden jedoch zunehmend alle Formen technisch vernetzter digitaler Kommunikation unter diesem Begriff verstanden. Mit dem Begriff der „Digitalisierung“ werden technisch gesehen zwei wesentliche Felder beschrieben: der Prozess, welcher die Daten in maschinenlesbare Informationen umwandelt, sowie den Arbeitsschritt der Datenweiterverarbeitung inklusive deren Vernetzung. Durch die weltweite Verbreitung von leistungsfähigen Computern und dem Internet geschieht dies alles zunehmend automatisiert und global vernetzt.

Auch die Baubranche hat die Möglichkeiten und Chancen mit der Digitalisierung entdeckt. Mit der Implementierung von Building Information Modeling (BIM) wurde die Grundlage in der Entwicklung, Planung, Realisierung und dem Betrieb von Bauwerken geschaffen. Die BIM-basierte Arbeitsweise bildet unter Einsatz digitaler Technologien und Prozesse die idealtypische Grundlage für die Anreicherung mit Künstlicher Intelligenz und die Ableitung digitaler Geschäftsmodelle.

Was ist Intelligenz?

Das Wort Intelligenz leitet sich vom lateinischen „intellegere“ ab und bedeutet, vereinfach gesagt, „erkennen“ beziehungsweise „verstehen“. Dies trennt Intelligenz von Wissen und deutet auf die Tatsache hin, dass Intelligenz ein Element der Analyse beinhaltet, während Wissen sich auf die Wiedergabe bereits vorhandener Inhalte beschränkt. Beide können jedoch in unterschiedlichen Bereichen und Ausprägungen vorhanden sein. So gibt es Menschen, welche eher im sprachlichen, musischen oder mathematisch-logischen Bereich begabt sind, während andere eine besonders ausgeprägte soziale Intelligenz aufweisen. Die einzelnen Bereiche sind dabei allerdings nicht strikt abgegrenzt zu betrachten, sodass auch Stärken in mehreren Felder existieren können.

Der Psychologe William Stern definierte Ende des 20. Jahrhunderts den Begriff „Intelligenz“ als Fähigkeit zur Anpassung an unbekannte Situationen bzw. zur Lösung neuer Probleme. In diesem Kontext ist auch Charles Darwins evolutionäre These „Survival of the fittest“ zu lesen, welche fälschlicherweise häufig als Überlegenheit der „Stärkeren“ im Sinne von rein mechanischer Kraft interpretiert wird. Evolutionär betrachtet ist dies jedoch nicht haltbar, da stets die Spezies überlebt hat, welche sich am besten an die gegebenen Umweltbedingungen angepasst hat.

In der heutigen Zeit wird der Begriff „Intelligenz“ zunehmend als ein rein theoretisches, nur mittelbar erschließbares Konstrukt gesehen. Ein Versuch der klaren Abgrenzung bzw. Erfassung wird de facto als aussichtslos betrachtet und aufgegeben.

Einer der Antriebsfaktoren für das Thema Künstliche Intelligenz ist die grundsätzliche Frage, ob all die zuvor genannten Fähigkeiten oder zumindest eine Teilmenge davon auch unabhängig vom Faktor Mensch geschaffen werden kann.

Da also an dieser Stelle über einen rein theoretisch-philosophischen Ansatz keine Möglichkeit einer zufriedenstellenden Definition besteht, wird in den folgenden Abschnitten der Begriff technologisch thematisiert und näher beschrieben.

Herkömmliche Datenverarbeitung versus Künstliche Intelligenz

Vielen Menschen ist nicht bewusst, wie tief die Künstliche Intelligenz (Artificial Intelligence) bereits in unseren Alltag integriert ist. Bei einer Suchanfrage im Internet ermittelt ein selbstlernender Algorithmus das optimale Ergebnis. Bei einem E-Mail-Account werden Spam-Mails automatisch herausgefiltert. Bei einem Online-Einkauf, beim Ansehen von Filmen oder Musik via Internet hören, werden automatisiert personalisierte Daten ganz ohne menschliche Mitwirkung im zukünftigen

Mehrwert für den Nutzer generiert. Eine zunehmende Zahl von Unternehmen aus allen Wirtschaftsbereichen beschäftigt sich mit dem Thema und etliche Anwendungen wären bereits heute nicht mehr ohne den Einsatz von KI vorstellbar.

Was ist also Künstliche Intelligenz und wie unterscheidet sich diese vom maschinellen Lernen wie auch von den bisher verbreiteten Methoden der Datenverarbeitung?

Der grundlegende Unterschied zur Datenverarbeitung besteht darin, dass „herkömmliche" Algorithmen einfach gesagt immer nach einem fest vorgeschriebenen Schema ablaufen: Der Programmierer teilt dem Computer im Voraus mit, was, wie, wann und in welcher Abfolge zu tun ist. Künstliche Intelligenz beziehungsweise maschinelles Lernen zielt jedoch darauf ab, dass das „Programm" selbstständig die Lösung eines bestehenden Problems findet. Das Konzept orientiert sich insofern am menschlichen Lernprozess und versucht diesen so weit wie möglich nachzubilden; der Computer „lernt" bzw. programmiert sich also selbst.

Die Künstliche Intelligenz ist ein Teilbereich der Informatik. Innerhalb der KI gibt es weitere Teilgebiete wie Wissen, Erkennen mit Analyse und Vorhersage, Robotik (Robotics) und Künstliches Leben (Artificial Life). Neben den methodischen Herangehensweisen gibt es in allen Wirtschaftsbereichen zahlreiche weitere Anwendungsfälle.

Die historische Entwicklung von KI

Die zugrundeliegenden Konzepte aus dem Bereich KI stammen größtenteils aus den 1950er Jahren. Bis auf wenige Prototypen war es damals jedoch nicht möglich diese tatsächlich zur Praxisreife zu bringen. Dabei wurde zunächst die Entwicklung sogenannter „Expertensysteme" in den 1960er Jahren vorangetrieben.

Expertensysteme basieren auf Daten mit logischen „Wenn-dann"-Verarbeitungsregeln, welche die menschliche Erkenntnisgewinnung beschleunigt nachahmen.

Diese waren allerdings nur begrenzt lernfähig und auf eine klar abgegrenzte Problemstellung, zum Beispiel im Bereich der Medizin oder dem Schachspiel spezialisiert. Der Traum der Entwickler, mit fortschreitender Technik die Expertensysteme leistungsfähig nutzbar zu machen, scheitere am starr begrenzten Wissen und wegen des fehlenden selbstständigen Lernens im Zulassen neuer Varianten und möglicher Ausnahmen.

Erst mit der großflächigen Verbreitung von leistungsfähigen Computern und verteilter Systeme war es mit Beginn der 1980er Jahre möglich, wirklich praxisorientierte Forschung auf dem Gebiet zu betreiben. Basierend auf den vorangegangenen Erfahrungen entstanden ab Mitte der 1980er und insbesondere in den 1990er Jahren neue Ansätze, die die Grundlage zu den sogenannten „Agentensysteme" legten. Hierbei wurden die zuvor genannten Beschränkungen der „Expertensysteme" hin zu selbstlernenden Technologien überwunden. Etwa zur gleichen Zeit wurden auch große Fortschritte auf dem Gebiet der Robotik erzielt.

Stand zuvor bei den „Expertensystemen" der Top-down-Ansatz im Vordergrund, agieren die Agentensysteme von der Bottom-up-Perspektive heraus. Die neuronale KI versucht sich dabei an den menschlichen Fähigkeiten „Wahrnehmen", „Verstehen" und „Handeln" zu orientieren. Bei der phänomenologischen Methode in Form einer symbolischen KI zählt hingegen nur das ermittelte Ergebnis. Die beiden Methoden können miteinander kombiniert werden und ebenso gibt es ergänzende Technologien, welche sich detailliert mit dem Suchen von Wissen, der Ziel- und Problemformulierung sowie der Ergebnisoptimierung befassen.

Starke und schwache KI

Allen Ansätzen gemeinsam ist die Vision einer „starken Künstlichen Intelligenz", welche in der Lage ist, den Menschen auf allen Gebieten seiner Existenz zu ersetzen und ihn in seinen Fähigkeiten zu übertreffen.

Bereits im 18. Jahrhundert hat der französische Arzt und Philosoph La Mettrie hierzu den Grundstein gelegt, indem er die für damalige Verhältnisse kühne These formulierte, dass der Mensch im Grunde auch nur eine Maschine ist. Fast drei Jahrhunderte später steht der Beweis jedoch weiterhin aus – die starke KI ist noch Fiktion – und selbst Experten sind sich uneins, ob dieses Ziel überhaupt jemals erreicht werden kann. Doch allein die aktuellen Erfolge auf dem Gebiet lassen die Frage, ob La Mettrie Recht haben könnte, in einem neuen Licht erscheinen.

Wird heute von KI gesprochen, ist in der Praxis die sogenannte „schwache Künstliche Intelligenz" zu verstehen. Der Begriff beschreibt dabei eine KI, welche für das Lösen von Aufgaben in einem klar abgegrenzten Anwendungsgebiet eingesetzt wird und dabei mindestens auf menschlichem Niveau agiert. Beim Beispiel des autonomen Fahrens zeigen sich bereits klar die Vorteile und Mehrwerte, die sich durch deren Einsatz ergeben.

Symbolische (deterministische) KI und Maschinelles Lernen

Die symbolische KI stellt neben dem maschinellen Lernen (Machine Learning) eine methodische Herangehensweise zur Lösungsfindung innerhalb der Künstlichen Intelligenz dar.

Der Hauptunterschied zwischen der symbolischen KI und dem maschinellen Lernen besteht dabei darin, dass die symbolische KI eine explizite Einbettung menschlicher Wissens- und Verhaltensregeln beinhaltet und dadurch deterministisch begrenzt ist. Während beim maschinellen Lernen der Computer ohne Vorkenntnisse aus den gegebenen Daten Rückschlüsse zieht und selbständig lernt. Bei der symbolischen KI werden bereits vorhandene Wissensinhalte im „Wenn-dann"-Modus abgebildet und durch einen phänomenologischen Ansatz simuliert, ohne jedoch im Sinne von „intelligentem Lernen" zu gelten.

Die symbolische Künstliche Intelligenz war zunächst vor allem in der Frühphase der KI-Forschung seit den 1950er Jahren in Form von sogenannten „Expertensystemen" sehr präsent, wurde dann jedoch zunehmend durch maschinelles Lernen verdrängt. Da es für Unternehmen und Geschäftsprozesse aus betrieblichen und ethischen Gründen einer gewissen Nachvollziehbarkeit und Vorhersagbarkeit bedarf, wird der Ansatz in jüngster Zeit vor allem in der freien Wirtschaft wieder stärker verfolgt.

Die Vorteile der symbolischen KI gegenüber dem maschinellen Lernen bestehen hierbei vor allem darin, dass absolute Transparenz bezüglich der Verarbeitungsschritte zwischen Input und Output besteht und wesentlich weniger Daten zum Training der KI benötigt werden. Infolgedessen kann eine symbolische KI auch einfacher optimiert werden.

(Künstliche) Neuronale Netze und Deep Learning

Wie schon die symbolische (deterministische) KI stellen auch neuronale Netze eine methodische Herangehensweise zur Lösungsfindung innerhalb der Künstlichen Intelligenz dar.

Neuronale Netze folgen dem Ansatz, die Struktur und Arbeitsweise von menschlichen Gehirnen nachzubilden. Diese bestehen vereinfachend betrachtet aus Nervenzellen (Neuronen) und Synapsen, welche die Neuronen miteinander verbinden. Die Synapsen dienen hierbei zur elektrochemischen Übertragung der von den Neuronen erzeugten Impulse. Nach aktuellen Erkenntnissen sind das menschliche Bewusstsein und die Fähigkeit zum „Lernen" ein spontanes, komplexes Zusammenspiel dieser Neuronen. Es folgt also keiner bestimmten Logik, sondern arbeitet rein intuitiv und auf Basis von Mustern, welche analysiert werden. Eine Ableitung von Regeln (wie zum Beispiel: 1 + 1 = 2) erfolgt somit beim Lernprozess immer erst nachgelagert, jedoch nie im Voraus. Darüber hinaus sind „gelernte Regeln" dadurch bis zu einem gewissen Grad flexibel. Sie können außerdem nicht rein aus der Betrachtung des neuronalen Netzes abgeleitet werden, sondern nur im laufenden Prozess.

Diesen Umstand machen sich auch künstliche neuronale Netze zu eigen und versuchen aus dem Zusammenspiel einzelner Elemente ein übergeordnetes System zu schaffen, welches lernfähig ist und eine gewisse Plastizität in Bezug auf neue Inhalte besitzt. Grundelemente von künstlichen neuronalen Netzen sind dementsprechend sogenannte Knoten bzw. Neuronen (Nodes), welche die Neuronen im Gehirn nachbilden und Kanten (Edges), die Synapsen repräsentieren.

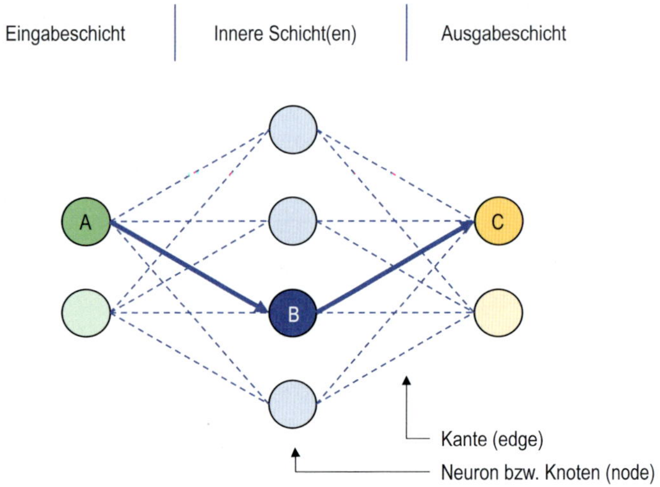

⑥ Aufbau eines künstlichen neuronalen Netzes

Die Knoten können hierbei zu Schichten (Layer) bzw. Einheiten (Units) gruppiert werden, in welchen die Verarbeitung der Signale bzw. Informationen stattfinden. Wie bei einem menschlichen Gehirn werden Informationen in Knoten abgelegt und zu immer größeren Gruppen miteinander verbunden. Damit entsteht ein vielfältig verzweigtes Netzwerk. In der Abbildung ist beispielhaft ein dreischichtiges neuronales Netzwerk dargestellt. Auf der linken Seite befindet sich die Input-Schicht, welche die zu verarbeitenden Daten erzeugt bzw. aufnimmt (Neuron A). Diese werden anschließend über die verknüpfenden Kanten und die inneren Schichten (Neuron B) zur Ausgabeschicht (Neuron C) weitergeleitet. Der Weg, welchen die Daten nehmen, ergibt sich aus einer Gewichtung der einzelnen Pfade, auf welche noch ausführlicher eingegangen wird. Aktuell können bei „tiefen" neuronalen Netzen mehr als 20 Schichten abgebildet werden und reichen Informationen und Daten mit dem Bottom-up-Ansatz quasi „nach oben".

Mit dieser Hierarchiestruktur können neuronale Netzwerke dauerhaft dazulernen und sich neues Wissen aneignen. Arbeiten neuronale Netze mit mehreren „inneren" Schichten, wird das als „mehrschichtiges" oder „tiefes" Lernen (Deep Learning) bezeichnet.

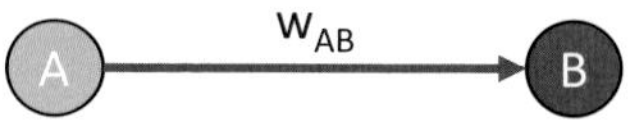

⑦ Gewichtung der Verbindung zwischen den Neuronen

Die zuvor erwähnte Gewichtung der Verknüpfungen (Kanten) bestimmt dabei, wie hoch die Wahrscheinlichkeit ist, dass ein bestimmter Pfad bei der Verarbeitung von einzelnen Datenpaketen genommen wird. Diese Gewichtungen in Form eines Faktors (z. B. $W_{AB} = 0,7$) werden beim Training eines neuronalen Netzes durch verschiedene Methoden iterativ verändert, bis die optimale Lösung vorliegt. Die Gewichtung entlang der Kanten visualisiert somit das Wissen des neuronalen Netzes und bestimmt in seiner Summe die Intensität des Informationsflusses entlang eines bestimmten Pfades.

Es existiert inzwischen eine Vielzahl von Netzwerkmodellen, welche die exakte Anordnung und Verknüpfung der Neuronen beschreiben. Auch bei der Gewichtung kommen teils abweichende Wertebereiche zum Einsatz. Auf diese wird aus Gründen der Übersichtlichkeit hier jedoch nicht weiter eingegangen.

Big Data

Grundsätzlich gilt bei allen genannten Methoden der KI: Um einen Sachverhalt bestmöglich zu durchdringen und die optimale Lösung abzuleiten, werden Daten bzw. Informationen darüber benötigt. Je mehr Daten vorliegen beziehungsweise generiert werden können, umso besser und schneller kann eine KI ein Problem lösen.

Unter den heutigen Rahmenbedingungen sind Daten einfach und in nie gekannter Menge zu erheben. Rechenleistung und Speicherplatz sind im historischen Vergleich quasi kostenlos und können jederzeit in beinahe unendlicher Menge bezogen werden.

Der Sammelbegriff „Big Data“ in Verbindung mit „Data Analytics“ beschreibt daher die Summe aller anfallenden Daten und deren Auswertung zur Verbesserung von Wertschöpfung und Geschäftsprozessen. Die Analyse zeigt dabei Potenziale auf, welche zuvor nicht oder nicht hinreichend erkennbar waren und erst aus der Integration verschiedener Datenquellen hervorgehen, welche zuvor rein isoliert vorlagen.

Wichtig hierbei ist vor allem die Qualität der Daten. Bis heute hapert es in der Baubranche noch grundsätzlich an einer einheitlichen strukturierten Datenerfassung. Für die qualitative Beurteilung von Daten sind außerdem die folgenden Fragen relevant:

- Sind die Daten frei von Fehlern?
- Sind die Daten frei von Widersprüchen?
- Sind die Daten noch gültig (zum Beispiel bei neuen Normen)?
- Decken die Daten alle für den Anwendungsfall relevanten Felder ab?
- Sind die gegebenen Daten für den Anwendungsfall relevant?
- Kommt es zu fehlerhaften Querverbindungen und Trends in den Datensätzen?

KI-Anwendungsfälle in der Praxis

Als Anwendungsfälle werden Bereiche beschrieben, in denen KI und deren Algorithmen zum praktischen Einsatz kommen. Außerhalb der Baubranche geschieht dies bereits in vielfältiger Weise: in Suchmaschinen, Auffinden relevanter globaler Informationen, Zeichen-, Sprach- und Texterkennung sowie deren Generierung, maschinelle Übersetzungen, Analyse und Prognose von Käuferverhalten und Kundenbedarfen, personalisierte Werbung via Internet, bei der autonomen Produktions- und Maschinensteuerung, bei der Prognose von Aktienkursentwicklungen wie auch bei sicherheitsrelevanten Überwachungssystemen wie Gesichts- oder Bilderkennung.

Mit Beispielen aus Wissenschaft und Unternehmenspraxis wird in den nachfolgenden Kapiteln der Einsatz von KI in der Baubranche hin zu digitalen Geschäftsmodellen aufgezeigt.

KI in Entwurf und Planung

Auch im Entwurf und in der Planung wird der Einsatz von KI diskutiert und erforscht. Erste Anwendungen werden sichtbar und geben Einblick in zukünftige Möglichkeiten. Die grundlegenden Herangehensweisen beim computergestützten Entwerfen und Planen sind seit längerer Zeit in der Praxis bekannt und bieten den optimalen Ausgangspunkt für eine Weiterentwicklung und Verknüpfung mit Künstlicher Intelligenz.

Der Begriff Computergestütztes Entwerfen (Computational Design) beschreibt dabei zunächst allgemein die Anwendung digitaler Methoden in der Planung von Objekten, um diese zu vereinfachen. Die Grundvoraussetzung hierfür liegt in der Standardisierung hin zu graphischen Baugruppen oder klassischen Programmiercodierungen auf Textbasis. Da das Ergebnis zunächst eine untergeordnete Rolle spielt, rückt der ganzheitliche Entwurfs- und Planungsprozess mit einer effizienteren Arbeitsweise in den Vordergrund. Wiederholende Tätigkeiten können nach Möglichkeit automatisiert werden. Auf dem Weg zum Einsatz von Künstlicher Intelligenz in Entwurf und Planung gibt es zahlreiche Ansätze.

Parametrisches Entwerfen und Planen

Parametrisches Entwerfen und Planen (Parametric Design) beschreibt einen Prozess, bei dem sowohl die Entwurfsabsicht als auch die Beziehung zwischen den einzelnen Objekten in Form von Parametern, uni- bzw. bidirektionalen Elementverknüpfungen und geometrische Zwangsbedingungen (constraints) codiert wird. Dies ermöglicht selbst bei hoher Komplexität zu jedem Zeitpunkt eine schnelle Änderung einzelner oder auch mehrerer Elemente unter Berücksichtigung aller Abhängigkeiten in der Gesamtplanung. Ein gegebener Planungsstand kann so zu jedem beliebigen Zeitpunkt evaluiert, auf seine Tauglichkeit geprüft und beliebig angepasst werden.

Diese Vorgehensweise steht sinnbildlich im Gegensatz zu einer statischen zwei- beziehungsweise dreidimensionalen Planung. Bei einer Änderung erfolgt hier ein zeitintensiver Rekonstruktionsprozess, in dem Objekte gelöscht, neu erzeugt oder auch nachmodelliert werden müssen. Studien zum Thema haben Mitte der 1990er Jahre ergeben, dass ca. 80 % eines geometrischen Modells während des Planungsprozesses Änderungen erfahren. Die wirtschaftlichen Vorteile einer parametrisch-assoziativen Modellierung und Planableitung liegen daher klar auf der Hand.

Ein erstes digitales System wurde in den 1960er Jahren erforscht und von Ivan Sutherland in einfacher Form mit den damals zur Verfügung stehenden Rechenkapazitäten umgesetzt. Das Programm „Sketchpad" ermöglichte es ihm dabei, einfache geometrische Formen zu zeichnen und diese mithilfe von einschränkenden Parametern miteinander in Beziehung zu setzen. Er konnte so bereits mit den „Designs" experimentieren und neue Varianten gemäß den eingegebenen Parametern und Randbedingungen generieren lassen bzw. die gegebenen verändern.

Heutzutage funktioniert parametrisches Entwerfen und Planen grundsätzlich noch durch manuelle Eingabe und Neuberechnung anhand fest vorgegebener Regeln.

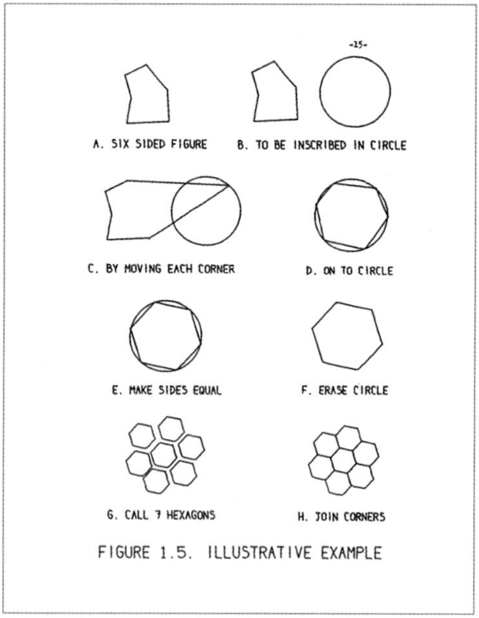

⑧ Ivan Sutherland, Sketchpad – A Man-Machine Graphical Communication System, 1963

Generatives Entwerfen und Planen

Generatives Entwerfen und Planen (Generative Design) stellt eine Weiterentwicklung des parametrischen Entwerfens dar und beschreibt die Fähigkeit eines Systems, sich innerhalb bestimmter Grenzen autonom weiterzuentwickeln. Dies geschieht mithilfe von reflexiven Parametern, aus denen eine Serie von denkbaren Lösungen generiert wird. Anwendung findet die Methode bisher vor allem bei der Optimierung von Bauteilen und Objekten nach bestimmten Gesichtspunkten, wie zum Beispiel in der statischen Berechnung von Bauteilen und Konstruktionen. Während des Prozesses werden dabei iterative Optimierungen vorgenommen und im Nachgang evaluiert.

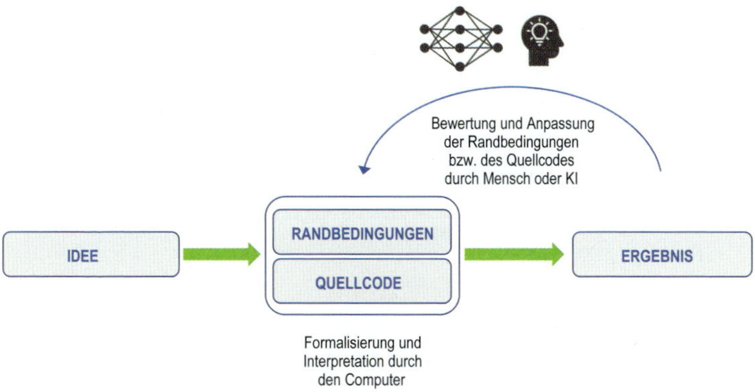

⑨ Generatives Entwerfen mit Hilfe von Künstlicher Intelligenz

Die Evaluation muss hierbei, wie in der Abbildung zu sehen ist, nicht zwangsläufig durch einen Menschen stattfinden, sondern kann auch durch ein fest codiertes Test-Programm oder eine KI vorgenommen werden.

Generative Adversarial Networks (GAN)

Aufbauend auf den Ideen des generativen Entwerfens handelt es sich bei GAN um ein Konzept des maschinellen Lernens aus dem Bereich des unüberwachten Lernens (Unsupervised Learning). Vereinfacht gesagt spielen dabei zwei neuronale Netze ein iteratives „Nullsummenspiel" gegeneinander. Im Verlauf dieses Spiels erzeugt ein so genannter „Generator" Vorschläge, welche fortlaufend durch einen „Diskriminator" gegen von Menschen erzeugten Content geprüft werden. Das Ziel besteht schlussendlich darin, dass der Generator Ergebnisse erzeugt, welche nicht mehr von menschlich erzeugten Vorschlägen unterscheidbar sind und folglich auch der Diskriminator keinen Unterschied mehr erkennt. Ein Einsatzgebiet ergibt sich zum Beispiel bei der automatischen Erzeugung von Grundrissen oder auch in der Tragwerksplanung.

Wie in allen anderen genannten Bereichen gibt es auch hier inzwischen eine Vielzahl von Ansätzen, welche über GAN hinausreichen und die Methode abstrahieren bzw. weiterentwickeln.

4 Warum BIM und KI?

KLAUS TEIZER UND PATRICK KOSKA

Die Digitalisierung unserer Wirtschaft ist im vollen Gange

Die Transformation unserer Wirtschaft hin zur digitalen Arbeit und Industrie 4.0 ist im vollen Gange. Die Corona-Pandemie hat die Bestrebungen in vielen Unternehmen noch weiter beschleunigt und auch die für die Anpassungsleistung so wichtigen ersten Defizite aufgedeckt.

Der Online-Handel erlebte durch den pandemiebedingt geschlossenen Einzelhandel, einem funktionierenden digitalen Warenangebot im Internet und zuvor bereits aufgebauten effizient-organisierten Logistikkonzepten deutliche Umsatzzuwächse. Fachleute sind sich darüber einig, dass sich die neuen Gewohnheiten nachhaltig auf das zukünftige Käuferverhalten auswirken und damit der Veränderungsdruck auf die Branche weiter zunehmen wird.

BIM und Lean Construction bilden das Fundament

Bauaufgaben nehmen durch projektspezifische Anforderungen und gesetzliche Vorgaben an Komplexität weiter zu. Dabei muss eine Vielzahl an Akteuren hinsichtlich Inhalten, Qualität, Terminen und Kosten koordiniert sowie auf die Projektziele hin abgestimmt werden. Herkömmliche Arbeitsweisen und Steuerungsmethoden in Planung und Ausführung stoßen hier an ihre Grenzen.

Generell gilt, wo Verschwendung minimiert oder eliminiert wird, entsteht ein direkter Mehrwert. Bei der Planung ebenso wie auf der Baustelle wird durch klare und transparente Arbeitspakete die Komplexität drastisch reduziert. Durch die flussorientierte Verzahnung der Planung und Ausführung entsteht ein Miteinander, das es so im konventionellen Bauen nicht gibt.

BIM steht in der Baubranche für den weltweiten Trend der Digitalisierung. Dabei werden alle relevanten Gebäudedaten digital modelliert, erfasst und kombiniert. Die frühzeitige Absicherung von Entscheidungsprozessen des Bauherrn, zum Beispiel auch durch Virtual-Reality-Lösungen (VR), sorgt für weitere Vorteile.

Mit „Lean Construction" wird im Bauwesen, basierend auf den Erfahrungen aus dem Automobilbau, ein Management- bzw. ein Philosophieansatz beschrieben, welcher das Ziel verfolgt, den Kundenwert, durch kontinuierliche Verbesserung und das Eliminieren der Verschwendung in den Prozessen zu steigern.

Studien belegen, dass eine optimale Koordination von Prozessen und Arbeitsabläufen im Planungs- und Bauablauf ein Optimierungspotenzial in Höhe von bis zu 70 % eröffnet. In Kombination mit der Produktions- und Fabrikplanung können Kollisionen und technische Zwänge frühzeitig erkannt, behoben und die Schnittstelle zur Industrie 4.0 geformt werden.

Die Verknüpfung von BIM und Lean kann als Königsdisziplin betrachtet werden, in der eine besondere Chance für das Planen und Bauen der Zukunft liegt. Sinnvoll strukturiert und digital gestützt erhalten Bauprojekte einen enormen Schub im Hinblick auf Kosten, Qualität und Termintreue.

Digitale Gebäude generieren Daten als Grundlage für KI

Zunehmend investieren Bauherren und die Immobilienwirtschaft in die digitale Infrastruktur von Gebäuden. Zur Fernsteuerung und -überwachung werden Datenübertragungssysteme wie beispielsweise KNX- oder BACnet-Technologien installiert. Ähnlich wie bei Smart Home und dem zunehmenden Vernetzen von Einzelkomponenten wie Druckern zum automatischen Nachbestellen der Patronen übers Internet, der

Waschmaschine mit dem aktuell preisgünstigsten Stromtarif oder der vollautomatischen Gebäudesteuerung zum Heizen und Beleuchten werden erste Mehrwerte sichtbar und real spürbar.

Wohlwissend, dass viele dieser Anwendungen in den Kinderschuhen stecken, können die gewonnenen Daten durch KI-Anwendungen strukturiert, ausgewertet und in Vorteile für Eigentümer und Nutzer überführt werden.

Die Gebäudeautomatisierung hat spätestens mit Einführung des Gebäudeenergiegesetzes (GEG) im November 2020 einen weiteren Schub erhalten. In allen Neubau und Revitalisierungsprojekten rückt neben der energieeffizienten Gebäudehülle die digitale Infrastruktur als Grundlage zum klimaneutralen Gebäudebetrieb in den Fokus. Nur mit einer digitalen Infrastruktur lässt sich der vorhersehbare Energiebedarf von Gebäuden mit dem zur Verfügung stehenden Angebot nachhaltig erzeugter Energie ausbalancieren. Bereits heute senden Wärmepumpen, Heizungs- und Kühlanlagen wie auch intelligente Einzelgeräte hunderte von Leistungsinformationen pro Minute.

Internet der Dinge (IoT) und KI

Der Begriff „Internet der Dinge“ (Internet of Things) beschreibt eine globale technische Infrastruktur, in der reale und virtuelle Geräte, Maschinen und Gegenstände sich miteinander vernetzen. Dies bezieht sich auf alle Arbeits- und Prozessschritte. Dabei wird der gesamte Lebenszyklus eines Produktes von Design, Planung, Engineering und der Produktion über die Wartung bis hin zur Entsorgung abgedeckt.

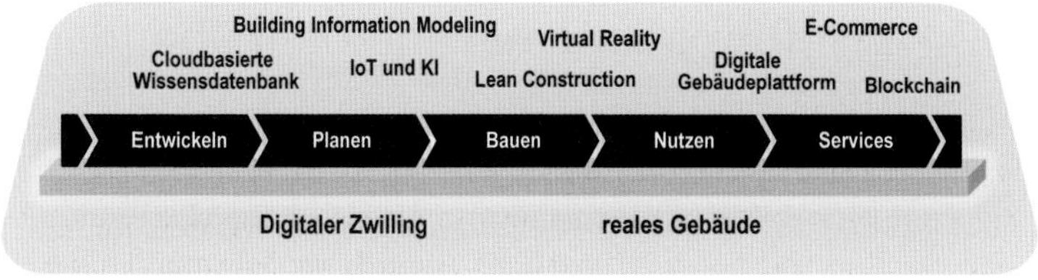

①⓪ Das Vernetzen und Nutzen von Gebäudedaten im Lebenszyklus mittels IoT und KI setzt eine digital-standardisierte Infrastruktur voraus

In Verwendung der beschriebenen digitalen Infrastruktur in Gebäuden und dem Einsatz von IoT tritt ein wichtiger Aspekt zu einer praktikablen Verwendung von KI zum Vorschein: Obwohl seit vielen Jahren die Grundlagen zum automatischen Sammeln und Auswerten bei Geräten sowie haustechnischen Komponenten durch die Hersteller geschaffen wurden, fehlt eine einheitliche, hersteller- und länderübergreifende Datenstruktur, auf die KI-Algorithmen effizient zurückgreifen können.

Eine große unsortierte Legokiste

Hauptsächlich geht es um die nachfolgenden Fragestellungen: Welche Daten werden für welchen KI-Anwendungsfall gebraucht? Wie und wo werden diese sicher gespeichert? Welche Daten sind relevant, welche sind nur zu Dokumentation? Wie können die gewonnenen Daten miteinander ausgewertet und mit welchen Algorithmen verknüpft werden?

Bildlich gesprochen liegt eine große unsortierte Legokiste vor. Um daraus ein Haus oder ein Auto zusammenzubauen, ist aufgrund der fehlenden Sortierung und Bauanleitung ein großes Expertenwissen erforderlich.

Aus Erfahrung ist im Bereich der haustechnischen Gebäudeoptimierung je nach KI-Anwendungsfall eine maschinenlesbare Datenmenge von mindestens ein bis zwei Jahren erforderlich. Eine nachträgliche Strukturierung vorhandener Gebäudedaten ergibt keinen Sinn, da durch sich permanent verändernde Gesetze und Verordnungen sonst die Gefahr besteht, dass KI-Algorithmen fehlerhaft trainiert werden, beziehungsweise verfälschte Ergebnisse entstehen.

BIM ist Informationsmanagement über den gesamten Lebenszyklus

Die Grundvoraussetzung für den Einsatz von KI ist das Vorliegen strukturierter, maschinenlesbarer Informationen und Daten. Andere Branchen wie der Automobilbau und besonders der Warenhandel zeigen unter Beachtung des Datenschutzes bereits heute auf, wie digitale Angebote die Nachfrage zu produktspezifischen Angaben mit Herstellungs-, Leistungs- und Lieferdatum in Echtzeit ermöglichen.

Wie der Buchstabe „I“ für „Information“ in der Kurzbezeichnung von „BIM“ darstellt, liegen dem Bauwerksmodell in Form des Digitalen Zwillings Informationen und Daten zu Grunde, welche mit den Planungs- und Baubeteiligten transparent geteilt und weiterverarbeitet werden können. Mit der BIM-basierten Arbeitsweise erstellte Bauwerke ermöglichen auch die Generierung von digitalen Ist-Informationen, welche für den optimalen Gebäudebetrieb mit den modellierten Soll-Daten verglichen und weiter optimiert werden können. Spannend wird es, diese Erfahrungen in zukünftige Planungen wieder mit einfließen zu lassen. Damit findet ein klassischer KVP-Prozess über den gesamten Lebenszyklus statt.

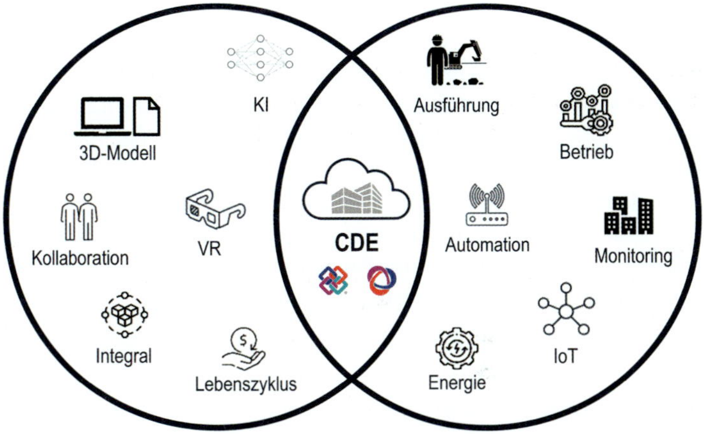

①① Informationsmanagement mit BIM vom Digitalen Zwilling (links) zum realen Gebäude(betrieb) (rechts)

Vieles ist noch analog und punktuell verortet. Zukünftig wird auch hier das Sammeln, Auswerten und Teilen von Daten über die Gebäudegrenzen hinweg eine immer wichtigere Rolle spielen.

Die international agierende nichtstaatliche, Non-Profit-Organisation buildingSMART hat sich zum Ziel gesetzt, offene Standards für das

Informationsmanagement mit der BIM-basierten Arbeitsweise, deren Austausch und Kommunikation der unterschiedlichen Beteiligten über den gesamten Lebenszyklus von Bauwerken zu etablieren.

Digitale Geschäftsmodelle und E-Commerce

Wie und mit was ein Unternehmen Gewinne erwirtschaftet, wird als „Geschäftsmodell“ definiert. Mit einem „digitalen Geschäftsmodell“ wird neben den Kernelementen des Anbieters und des Abnehmers die digitale Transaktion der Leistung gegen eine monetäre (digitale) Bezahlung beschrieben.

Die Ein- und Verkaufsvorgänge via Internet werden als E-Commerce bezeichnet und erlauben zusätzlich die Generierung von Informationen in Echtzeit zum Produktfluss sowie dem schnellen Überblick zur jetzt digitalisierten, gesamten Wertschöpfungskette.

In der Transformation herkömmlicher in digitale Geschäftsmodelle besteht für alle Unternehmen zugleich Handlungsbedarf. Dies kann jeden erfolgskritischen Bereich eines Unternehmens betreffen, was mitunter den unternehmerischen Mut zur Veränderung beeinflussen kann. Dabei spielt die wirtschaftliche Situation, das digitale Wissen und verfügbare Know-how im jeweiligen Unternehmen eine maßgebliche Rolle. Eindeutig im Vorteil sind jetzt jene Unternehmen, welche sich frühzeitig mit der BIM-basierten Arbeitsweise, der digitalen Standardisierung und mit Lean Construction beschäftigt haben.

Diesen Weckruf hat die Politik erkannt und steuert mit Förderprojekten zu digitalen Geschäftsmodellen als Anschubfinanzierung für Industrie und Mittelstand auf nationaler und auf Landesebene dagegen.

Mit BIM und KI zu neuen Geschäftsfeldern

In der Baubranche fokussieren sich digitale Geschäftsmodelle auf die methodische Entwicklung, Planung, Realisierung und den Betrieb von Bauwerken einschließlich dazugehöriger Dienstleistungen. Mit der BIM-basierten Arbeitsweise und dem datenkonsistenten BIM-Modell können digitale Geschäftsmodelle neu aufgesetzt oder bestehende digital erweitert werden. Auch hier wird der Open BIM-Ansatz im

Gegensatz zu geschlossenen Systemen vorteilhafter sein und schneller produktivere Ergebnisse liefern.

In Ergänzung zu den folgenden Beispielen aus Wissenschaft und Unternehmenspraxis sei hier der Tragwerksplaner genannt, welcher durch Schal- und Bewehrungspläne modellbasierte Leistungsverzeichnisse im Gewerk Rohbau gleich mit erstellen kann. Die Datengrundlage und alle dafür notwendigen Inhalte liegen bereits über das modellbasierte Arbeiten vor. Das BIM-Modell ermöglicht hierbei Geschäftsfelder zu ergänzen und schafft zugleich die Grundlage für Neues.

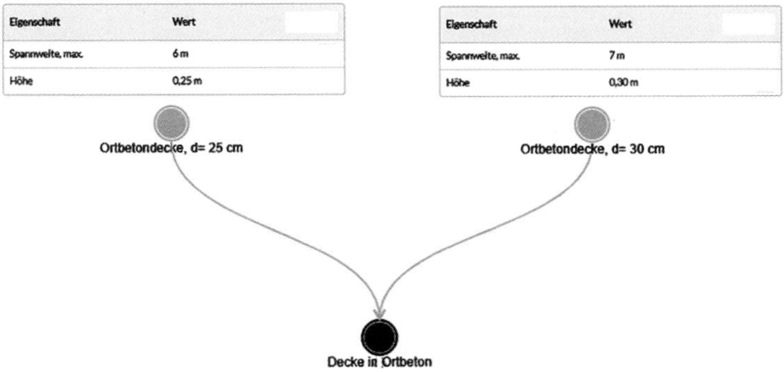

①② Digitale Grundlageninformationen in einer Graph-Datenbank am vereinfachten Beispiel einer Ortbetondecke anhand derer Eigenschaften ein KI-Algorithmus ganzheitliche Gebäudeentwürfe generiert

Zukünftig können Algorithmen in der Vorauswahl und Berechnung von unterschiedlich statisch wirksamen Tragsystemen eingesetzt werden. Dabei wird mittels KI auf Basis von Grundrissen und Gebäudeabmessungen des Architekten die wirtschaftlich beste Tragvariante, einschließlich der Optimierung von Spannweiten und der dazu passenden Baustoff- sowie Materialsysteme, projektspezifisch ausgewählt. Die Entscheidung der besten Variante erfolgt logisch individuell anhand von Fakten und könnte mit einer dazugehörigen Kostendatenbank verknüpft werden. Diese bildet gleichzeitig die Grundlage für die spätere Kostenplanung und -steuerung der gesamten Baumaßnahme. Über IoT und E-Commerce werden Bauteile gefertigt, digital überwacht und onlinegeprüft sowie zur Ausführung freigegeben. Die anschließende Abrechnung erfolgt automatisch, digital und direkt nach Erbringung der Leistung mithilfe von Smart Contracts basierend auf der Blockchain-Technologie.

Wie an diesem Beispiel ersichtlich ist, lassen sich viele ähnliche Ideen mit BIM und KI in der Planung, den ausführenden Gewerken sowie dienstleistungsnahen Baubereichen ableiten.

5 Beispiele aus Wissenschaft und Unternehmenspraxis

Die nachfolgenden Beispiele aus Wissenschaft und Unternehmenspraxis stellen eine Auswahl von derzeitigen Ideen, Beweggründen und tatsächlichen Anwendungen dar. Sie zeigen anschaulich die Synergien von Building Information Modeling (BIM) und Künstlicher Intelligenz (KI) auf.

Gleichzeitig stehen sie für den Stand der Wissenschaft und den Beginn hin zu digitalen Geschäftsmodellen. Im Zuge der Weiterentwicklung der bis dato verfügbaren Technologien und dem Wissensaustausch wird es zukünftig ganz sicher weitere Möglichkeiten und neue Ansätze geben.

5.1

KI im Kontext zu Ethik, gesellschaftlichen Werten und Grundsätzen

BIANCA WEBER-LEWERENZ

Unternehmerisch verantwortungsvolle Digitalisierung

Digitalisierung und Künstliche Intelligenz (KI) revolutionieren Mensch und Technik mit tiefen Einschnitten in die Gesellschaft. KI automatisiert Lernprozesse, sie birgt Chancen und Risiken. Statt der Frage nachzugehen „Ist der neue Flughafen in Berlin Fluch oder Segen?“ lohnt es sich erst recht, die sinnvolle und menschgerechte KI zu betrachten und wie Gesellschaft und Unternehmen ihrer Verantwortung dabei nachkommen können.

Zahlreiche Studien und Prognosen zur digitalen Transformation mittels KI geben Aufschluss über die umfassenden Auswirkungen auf Arbeitsplätze. Es entstehen neue Berufsfelder, Aufgabenprofile, die neues Wissen und Können erfordern. Einige Tätigkeitsfelder wird es im Zuge des digitalen Wandels nicht mehr geben, jedoch entstehen neue, um die neuen Technologien zu entwickeln, einzusetzen, weiter zu verbessern und das dazu notwendige Wissen an andere zu vermitteln. Künstliche Intelligenz verändert über die nächsten Jahrzehnte nicht nur den Menschen, sondern die Gesellschaft als Ganzes.

Dabei fußt die unternehmerisch verantwortungsvolle Digitalisierung (Corporate Digital Responsibility) im Bauwesen auf ethischen Grundsätzen und gesellschaftlichen Werten.

Brücken bauen und Antworten geben

Um die Brücke zu modernen digitalen Technologien zu bauen, werden Gestaltungsmöglichkeiten einer erfolgreichen, nachhaltigen digitalen Transformation im Bauwesen mit den entsprechenden ethischen Prinzipien aufgezeigt. Bei allem technologischen Fortschritt und aller Innovationsfreiheit gilt es all denen eine Stimme zu verleihen, die nicht gefragt werden, aber mit den Ergebnissen im praktischen Baualltag leben müssen: Facharbeiter wie zum Beispiel Maurer, Stahlbetonbauer, Zimmerer und Bauzeichner. Denn zur Freiheit und einer lebendigen Demokratie gehört insbesondere die Frage nach Sinn, Sicherheit und Mehrwert.

Welche Technik ist sinnvoll? Wo ist ihr Einsatz sinnvoll? Wo unterstützt sie menschliche Arbeit und wo macht sie diese sicherer? Wo entlastet sie? Wo verhilft sie zu mehr Effizienz? Wo hilft sie Daten effizient aufzubereiten und Projektkosten zu reduzieren? Welche Arbeiten können nur von Menschen ausgeführt werden? Wo liegen die Vorteile und Wertschöpfung der KI?

Nur mit diesem Anspruch, Antworten zu geben, können wertebasierte Entscheidungen im Bauwesen getroffen werden. Welche Technologien brauchen wir grundsätzlich? Welche Erwartungen haben wir? Worum geht es uns? Können Werte Leitlinien für diese Technologiegestaltung sein? Wie machen wir uns am besten vertraut?

Die grundsätzlich notwendige Diskussion rund um unsere gesellschaftlichen Werte und ethischen Grundsätze am Bau könnte nicht besser eingebettet sein als im digitalen Wandel: eine wertebasierte digitale Transformation am Bau. Ethische Prinzipien bilden den entscheidenden Erfolgsbaustein für eine menschengerechte, sinnvolle und nachhaltige Entwicklung und Anwendung der KI.

Bauingenieure, Architekten und Planer schaffen Orte des Wohnens, des Arbeitens, der Begegnung, und werden dabei von sich ständig neu entwickelten Technologien unterstützt. Der Verantwortung, diese Technologien in ihre Planung, Gestaltung und Ausführung von Bauwerken sinnvoll einzusetzen, gilt es wertebewusst über die technischen Standards und Regelwerke hinaus nachzukommen.

Verantwortung wahrnehmen, bewerten und abwägen

Bewerten und Abwägen von Vor- und Nachteilen, Chancen und Schäden sind Teil jedes technischen Entscheidungsfindungsprozesses. Ethik, Moral und Werte sind Werkzeuge. Ein ethischer Grundsatz ist, dass der Mensch mit all seinen Wertevorstellungen in den Mittelpunkt technischer Entwicklung gestellt wird, das heißt Technik entwickelt sich am Mensch ausgerichtet. Innovative und neue Wege können nur mit Wissen, Mut, Leidenschaft und „Rock 'n' Roll“ beschritten und am Gemeinwohl ausgerichtet werden.

Generelle Ablehnung, tradierte konservative Haltungen im Bauwesen oder „Brauchen wir nicht, haben wir immer schon so gemacht!“ sind nicht mehr zeitgemäß und zielführend.

Hier liegt viel Verantwortung bei Unternehmern, Lehre und Ausbildung: KI erklärbar machen, Bewusstsein bilden, den Menschen sensibilisieren. Vertrauen in diese neue Technologie kann nur aufgebaut werden, wo Zugang über alle IT-technischen Sprachbarrieren hinweg besteht. Nicht jeder KI-Anwender ist zugleich auch KI-Experte und hat dieses Fachwissen studiert oder wissenschaftlich erforscht.

Differenzieren und Einfluss nehmen

Es gilt zwischen menschlicher und künstlicher Intelligenz klar zu differenzieren. Es gibt Aufgaben, die nur der Mensch ausführen kann. KI kann überall dort zum Einsatz kommen, wo sie die zunehmende Datenkomplexität menschgerecht strukturiert und für Entscheidungsprozesse aufbereitet. KI kann Fehler in Prozessen minimieren und menschliche Arbeit noch sicherer machen. Routineabläufe und harte physische Arbeitsprozesse übernehmen und dabei helfen, Gebäude effizienter zu planen, auszuführen und zu betreiben.

Dies zahlt auf den Begriff der Nachhaltigkeit aus ökonomischer, sozialer sowie ökologischer Perspektive ein. Im Sinne des Vorsorgeprinzips ist Technologie nicht nur eine Frage des Könnens, sondern des Sollens und des Dürfens. Bei aller menschlicher Freiheit sollte das Verständnis von

Fortschritt zu einer Technologiegestaltung führen, die für uns Menschen gesünder, menschlicher und sozialer ist.

Jetzt, wo technischer Fortschritt wie KI derart auf unsere Gesellschaft Einfluss nimmt, kommt es auf Werte an, die uns leiten. Eine Wertediskussion darf keine Marketingveranstaltung sein, sondern muss sich am Nutzen der Gesellschaft ausrichten. Wichtigster Werkzeugkoffer, um diese anzupacken, sind unsere menschlichen Werte- und Moralvorstellungen. Dafür braucht es zusätzliche Mitstreiter, Plattformen und Netzwerke, Visionäre und Macher.

Den digitalen Wandel mit Leben füllen

Fachkräfte und Ingenieure müssen das Handwerkszeug für ihren zukünftigen Berufsalltag in Ausbildung und Studium erlernen. Dies sollte mit einer gezielten Anpassung der Lehrinhalte und adäquater Qualifikation der Lehrenden stattfinden.

Die Herausforderung besteht zunehmend darin, sich in andere Fachdisziplinen hineinzudenken, Abwäge- und Entscheidungsprozesse ganzheitlich anzupacken und am gesellschaftlichen Wohl auszurichten. Unternehmer und Entscheider stellen die Weichen durch neues Wissen, ein Bewusstsein, um die Potenziale und Verantwortungsübernahme durch das Anbieten digitaler Infrastrukturen, einheitliche Datenplattformen und dem Verfolgen einer auf das Unternehmen zugeschnittenen KI-Strategie zu schaffen, bei der sie die Mitarbeiter „mitnehmen“ und Orientierung geben.

Im Laufe eigener Forschungsstudien und Experteninterviews zum Thema hat sich herausgestellt, dass Vertreter aus Politik, Wirtschaft, Lehre, Wissenschaft und Forschung, Berufsverbänden und -kammern in der Auseinandersetzung mit digitalen Technologien und KI am Bau nunmehr die ethischen Fragestellungen wahrnehmen.

Dieser Dialog geht mit den Ansätzen und Forderungen der EU-Kommission, Empfehlungen der Enquête-Kommission der deutschen Bundesregierung und der Lebensakademie der Römischen Kirche nach einer vertrauenswürdigen, menschgerechten KI einher.

5.2

Chancen von KI-Algorithmen im Architekturentwurf mit Big Open BIM

INGO HÖFFLE UND FLORIAN KEIM

Digitale Entwicklungsschritte in der Architektur

Bei dem Begriff „Künstliche Intelligenz“ denken vielleicht viele an den bedrückenden Film „A.I. – Artificial Intelligence“ von Steven Spielberg aus dem Jahr 2001 oder auch an die apokalyptische Matrix-Trilogie. Trotz allen Zweifels und Unbehagens ist bis heute nicht abschließend geklärt, inwieweit zukünftig Künstliche Intelligenz vollständig Arbeiten allein übernehmen wird. Im Vergleich zu anderen kreativen Branchen erzeugt der Begriff KI in der Architektur derzeit noch keine breite Aufbruchstimmung in ein neues Zeitalter. Zumal das Schlagwort KI eher der Industrie 4.0 oder dem autonomen Fahren zugeschrieben wird. Gleichwohl sind sich Experten aus der Planungs- und Baubranche in Studien einig, dass die Arbeit von Architekten und Ingenieuren mit dem Einsatz von KI eine fundamentale Veränderung erfahren wird.

Dabei sind die digitalen Entwicklungsschritte in der Planungsbranche in den letzten beiden Jahrzehnten deutlich spür- und erkennbar. So hat die Einführung von CAD-Tools und wenig später von BIM den Arbeitsalltag von Architekten und Ingenieuren gründlich verändert. Im Sinne dieser Entwicklung hin zur Standard- und Automatisierung sind auch Begriffe wie parametrisches oder generatives Entwerfen zu nennen. Sowohl in Wissenschaft als auch in Softwareunternehmen sind erste Anwendungen erforscht und für den Anwender in die Praxis gebracht worden.

KI ist ein weiterer Meilenstein

Die Nutzung von KI in der Architektur wäre ein weiterer Meilenstein. Bereits heute sind im Architekturentwurf unzählige Informationen und Einflussfaktoren zu berücksichtigen sowie bestmöglich miteinander zu verknüpfen. Die Erarbeitung von Architekturkonzepten wird immer umfangreicher und seitens der Behörden, Bauherren und späteren Nutzer anspruchsvoller.

Dies beschränkt sich mittlerweile nicht mehr nur auf den Städtebau und das sich stetig verändernde Baurecht, sondern zeigt sich auch bei der Forderung zur sozio-kulturellen, ökologischen und wirtschaftlichen Nachhaltigkeit mit Bezug auf Materialität, dem Lebenszyklus sowie der Rückbaubarkeit von Gebäuden. Darüber hinaus bilden Themen wie Energieeffizienz, Brand- und Schallschutz, die Optimierung des Tragwerks mit der Bodenmechanik beziehungsweise Geologie projektentscheidende Stellhebel für Bauherren und Investoren.

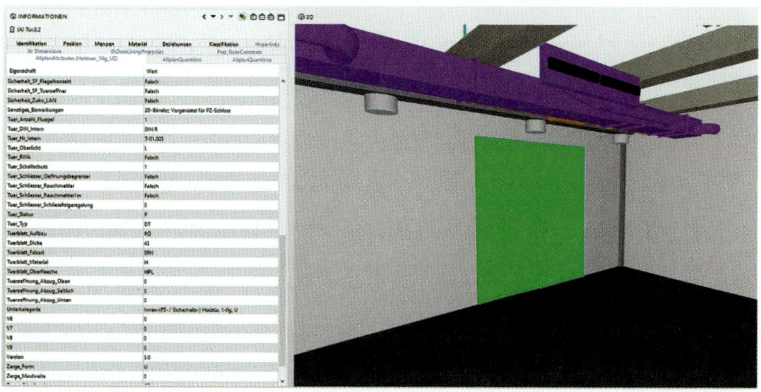

①③ Informations- und Datenmanagement im BIM-Bauwerksmodell beispielhaft für eine Tür

Mit Unterstützung von Algorithmen können jetzt bisher ungenutzte, große Datenmengen ausgewertet werden. In Entwurf und Planung wird so eine verlässlichere Entscheidungsgrundlage geschaffen. Zudem können künstlich-neuronale Netze und maschinelles Lernen (Machine

Learning) im eigenständigen Umgang mit Informationen antrainiert und verbessert werden.

Kreativität und Künstliche Intelligenz

Kreativität wird per Definition als menschliche Eigenschaft oder Fähigkeit beschrieben, etwas Neues oder Originelles zu erschaffen, was dabei nützlich oder brauchbar ist. Eine direkte Zuweisung auf Berufe oder Tätigkeiten wie der Kunst sind zwar weit verbreitet, inhaltlich jedoch falsch. Der Einfallsreichtum von Menschen kommt besonders oft im alltäglichen Arbeiten und Leben vor. Eine außergewöhnliche Kreativität ist nach Meinung von Fachexperten fundamentalen Entwicklungsschritten durch Genies zugeschrieben. In alternativen Definitionen wird als weiteres Kriterium die reine Problemlösung von schöpferischer Kreativität unterschieden.

Ungeachtet dieser Feinheiten sind jedoch sich alle Definitionen in einem Punkt einig: Kreativität funktioniert nicht auf Knopfdruck.

Bei einem Menschen unterliegt sie äußeren und inneren Einflüssen. Dabei entwickelt sich Kreativität aus einem Zusammenspiel der momentanen Stimmung, dem Tagesgeschehen, der eigenen Gesundheit und Motivation heraus. Kreative Ideen und Lösungen haben ihren Ursprung in Begabungen, persönlichen Erfahrungen, dem Wissen und Können eines Menschen und in den Umgebungsbedingungen.

Eine KI lernt und entwickelt 24 Stunden an 7 Tagen in der Woche unbeeinflusst von solchen menschlichen Faktoren. Darüber hinaus sind wir alle limitiert durch unsere Vorstellungskraft, Denken und Prägung. Entwerfende bewegen sich meist in einem bekannten Repertoire. Eine KI wird möglicherweise mit unorthodoxen Lösungsvorschlägen überraschen, auf welche die Entwerfenden gar nicht gekommen wären und dadurch die Architekturvielfalt mit großer Wahrscheinlichkeit sogar anreichern.

Architektonische Kreativität

Eines der herausragendsten Beispiele dafür, dass ein Architekt in der Lage ist, seine Formensprache mehrfach im Laufe seines Arbeitslebens neu zu erfinden, ist zweifellos Frank Lloyd Wright.

Zu Beginn seines Schaffens hat er die in der Architekturgeschichte bedeutenden Präriehäuser mitentwickelt, zum Beispiel das Robie House in Chicago in den Jahren 1909/1910. Wenige Jahre später entstanden in den Jahren von 1919 bis 1929 Gebäude wie das Hollyhock House in East Hollywood mit seiner außergewöhnlichen Formgebung und Dekoration. Ende der 1950er Jahre wurde von Frank L. Wright das weltberühmte Salomon R. Guggenheim Museum in New York City entworfen. Trotz des außergewöhnlich unterschiedlichen Designs sind allen Gebäude Wrights Vorstellung von organischer Architektur gemein.

Mittlerweile wurden acht Gebäude zum UNESCO-Weltkulturerbe erklärt. Kaum vorstellbar, wie eine KI diese Gebäudeentwürfe mit beeinflusst und zu den vielseitigen wie auch auf den Betrachter konträr wirkenden Wesensänderungen geführt hätte.

Beispiele künstlicher Kreativität

Es gibt bereits Beispiele aus anderen Anwendungsbereichen, die belegen, dass eine KI durchaus in der Lage ist, aus Erlerntem und Trainiertem sehr kreative Eigenergebnisse zu erzeugen. 2018 wurde bei Christie's das von KI geschaffene Kunstwerk „Portrait von Edmond Belamy" für 432.500 Dollar versteigert und der Schätzwert damit um das 45-Fache übertroffen.

Kurz vor seinem Tod arbeitete Ludwig van Beethoven im Jahr 1825 noch an der bis dato von ihm unvollendeten 10. Sinfonie. Besonders zum ersten und dritten Satz gibt es viele Skizzen und Notizen. Anfang März 2020 sponsorte eine große deutsche Firma aus der Telekommunikationsbranche ein Team aus Musikwissenschaftlern und IT-Experten, um die 10. Sinfonie mit Hilfe von künstlichen neuronalen Netzwerken zu vollenden. Ende April 2020 sollte sie vom Beethoven Orchester Bonn zum 250. Geburtstag des Komponisten uraufgeführt werden, musste jedoch pandemiebedingt auf den Herbst 2021 verschoben werden.

In gleicher Weise wurden schon Sinfonien von Mahler und Schubert vollendet, Drehbücher und auch ein neuer Beatles-Song geschrieben. Diese Beispiele zeigen, dass eine KI durchaus in der Lage ist, in Assistenz durch den Menschen selbstständig kreativ zu sein.

Maschinelle Intelligenz schafft Entlastung

In vielen Diskussionen und fachlichen Beiträgen zur Künstlichen Intelligenz wird mittlerweile der ethisch verständlichere Begriff der „Maschinellen Intelligenz“ verwendet. Der Mensch ist an sich nicht dafür geschaffen, riesige Datenmengen und hochkomplexe Zusammenhänge in Millisekunden zu analysieren und bestmöglich in einer neuen Variante global auszuwerten.

Die menschliche Kreativität kann mit KI sinnvoll ergänzt werden. Sie wird dabei helfen, nicht mehr überschaubare und beherrschbare Informationsmengen zu destillieren. Von Feedback zu Feedback nimmt die Iterationsgeschwindigkeit der maschinellen Intelligenz zu. Viele Aufgaben können von einer Maschine effizient übernommen werden, was den Menschen wiederum entlastet und mehr Freiräume für gestalterische und qualitätsbildende Tätigkeiten schafft. Nach aktuellen Studien wird KI erst Mitte dieses Jahrhunderts ein fester integrativer Bestandteil unserer Arbeit werden. Gleichwohl wir diese Veränderung wesentlich früher von uns allen zu spüren sein.

Die Daten sind da, die KI kann loslegen

In einem Bauwerksmodell werden Informationen und Daten hinterlegt, strukturiert abgelegt und in den folgenden BIM-basierten Arbeitsschritten analysiert und weiterverarbeitet. Daher ist BIM ein Informations- und Datenmanagement über den gesamten Lebenszyklus von Bauwerken.

Bereits heute nutzen wir einfache, fest programmierte Algorithmen zur Mengen- und Kostenermittlung oder in der Kollaboration und Prüfung von Fachmodellen.

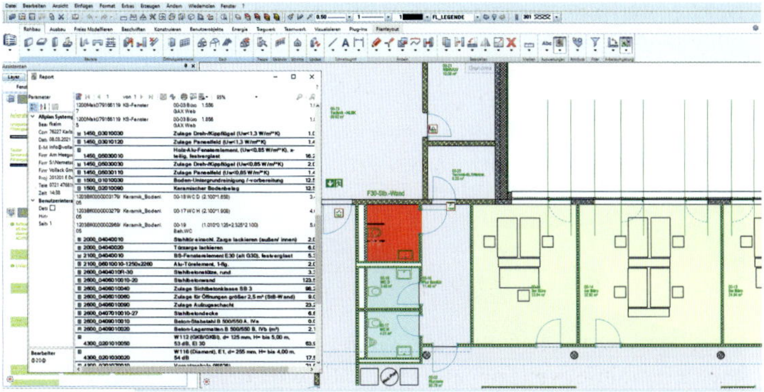

①④ Computergestützte Mengenermittlung auf Basis zuvor zugewiesener Attribute und Auswertungsalgorithmen

Wir nehmen in BIM-Projekten keinen Dreikant und zweidimensionale Pläne mehr zur Hand, um Mengen komplett losgelöst vom Modell zu ermitteln. Das Bauwerksmodell durchläuft ein fest programmiertes Raster und wertet beispielsweise Wände und deren zugewiesenen Attribute auf Plausibilität aus. Ebenso ist eine modellbasierte Prüfung von Fachplanungen heute zum Standard geworden und schafft mit dem Ziel eines Digitalen Zwillings die Voraussetzungen einer kollisionsarmen Umsetzung auf der Baustelle.

In BIM-Projekten entsteht eine Unzahl an Daten, die nach allgemein gültigen Regeln erstellt und geprüft sind. Diese können somit als ideale Grundlage für Trainingsdaten der künstlichen Intelligenz dienen. Somit sind Unternehmen und Anwender durch BIM mit dem nächsten Schritt zum KI-gestützten Entwerfen und Planen bis hin zur Baustelle gut aufgestellt.

Neue Chancen für Big Open BIM und KI

Überall dort, wo in Prozessen iterativ Daten und Informationen analysiert und ausgewertet werden, kann eine KI mit Algorithmen dem Architekten und Ingenieur Arbeit abnehmen, erleichtern und somit beschleunigen. Jene Unternehmen sind jetzt eindeutig im Vorteil, welche sich frühzeitig mit der Gestaltung von schlanken, wertschöpfenden Arbeitsschritten und der digitalen BIM-basierten Arbeitsweise in Planung und Bauen beschäftigt haben.

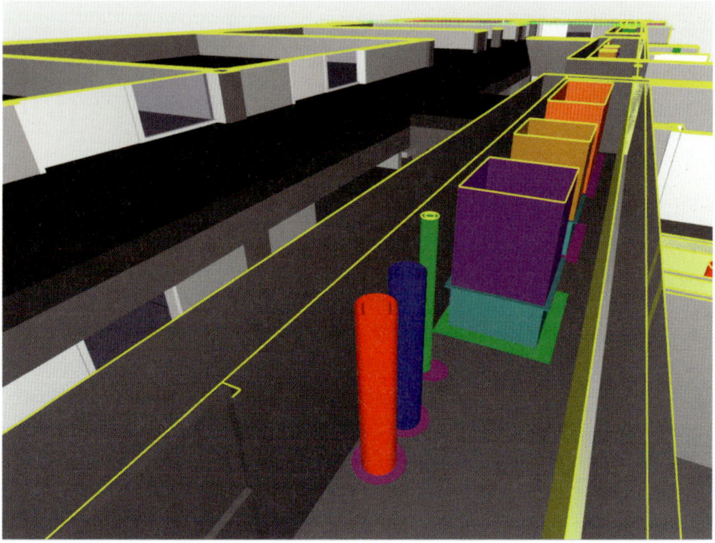

①⑤ Durchbruchskoordination über Provision For Void und manuell erstellte Regel-Algorithmen

Im BIM-Anwendungsfall „Schlitz- und Durchbruchplanung“ per IFC und BCF läuft die Verständigung, statt im klassischen Sinne über zweidimensionale Pläne, über dreidimensionale Durchbruchvorschläge (Provision For Void). Hier prüfen derzeit noch manuell erstellte Regel-Algorithmen, ob Mindestabstände zur Unterkante der Decke eingehalten werden und Leitungen sich innerhalb des Durchbruchsvorschlags befinden. An diesem Beispiel sind die Einsatzmöglichkeiten einer KI-gestützten Prüfung gut zu erkennen. Schon beim Einstellen auf der Kollaborationsplattform kann der Ersteller das direkte Feedback erhalten, ob seine Durchbruchvorschläge semantisch korrekt sind und ob sie nach architektonischen wie statischen Gesichtspunkten umgesetzt werden können.

Die Vorteile der BIM-basierten Arbeitsweise ist in der Planungs- und Baubranche nicht mehr wegzudenken. Gleichzeitig werden Bauwerksmodelle in ihren digitalen Möglichkeiten mit immer mehr Daten angereichert. Bereits heute ist es für Architekten und Ingenieure schwierig den Überblick zu behalten. Der Einsatz von KI ist aufgrund der zunehmenden Datenmengen in Bauwerksmodellen für den Big Open BIM-Prozess nahezu unerlässlich.

Dies gilt gerade auch für das Denken im gesamten Lebenszyklus eines Bauwerkes. Bis heute werden viele gesammelte Informationen für die darauffolgenden Lebenszyklusphasen manuell bereinigt.

In Form eines Assistenzsystems für Planer, Ausführende und Betreiber bieten KI-Algorithmen neue Chancen Big Open BIM in noch größeren Dimensionen und den sich daraus ergebenden Mehrwerten zu denken.

5.3

Künstliche Intelligenz und menschliche Kreativität

MANUEL MÜHLBAUER

Anwendung künstlicher Intelligenz

In der Künstlichen Intelligenz (KI) können gewisse Fähigkeiten des Computers angewandt werden. Da sind zum einen die Wahrnehmung von Objekten, die Verarbeitung von Daten und zum anderen gewisse Handlungsmethoden, die Verwendung finden können. Der Computer kann beispielsweise schon recht gut sehen, wie wir aus anderen gesellschaftlichen Bereichen wie dem autonomen Fahren wissen. Die Anwendung dieser Technologie in der Architektur findet nun auch Einzug in die Unterstützung menschlicher Kreativität in frühen Entwurfsphasen.

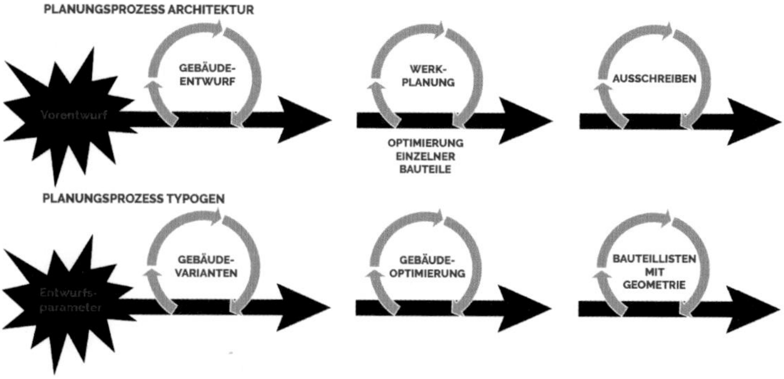

①⑥ Ein KI-gestützter Entwurfsprozess erzeugt früh ganzheitliche Gebäudevarianten

Im Vergleich zum herkömmlichen Planungsprozess mit Computer-Aided-Design (CAD) Software kann ein KI-gestützter Entwurfsprozess weit mehr Gebäudevarianten berücksichtigen. Dadurch können Architekten eine Vielzahl von Entwurfsoptionen betrachten und auswerten. Besonders in Bezug auf die Entwicklung der Gebäudeästhetik ergeben sich hier Vorteile. Jedoch kann die Nutzung von Optimierungstechnologie weitere Vorteile bei der Auswertung von Kriterien bieten. Im Rahmen des Building Information Modeling (BIM) können dann Bauteillisten und Planunterlagen automatisiert erstellt und ausgegeben werden.

Qualitäten im Architekturentwurf

Verschiedene Entwurfsparameter und Bewertungskriterien bestimmen die Arbeit in diesen frühen Phasen. Der Computer ist eine große Hilfe, wenn es darum geht, berechenbare Aspekte des architektonischen Entwurfs zu bewerten. Räumliche Qualitäten, ästhetische Qualitäten oder Materialqualitäten hingegen können Architekten bei weitem besser bedenken und evaluieren. An dieser Stelle sind Architekten im Vergleich zur Maschine durch ihre ganzheitliche Sichtweise besser aufgestellt. So können aus der Betrachtung eines architektonischen Entwurfs auch kulturelle und soziale Aspekte mit in die Anschauung einfließen. Die Prägung, Erfahrung und Haltung von Architekten hat ebenfalls großen Einfluss auf die tatsächliche Ausformung architektonischer Entwürfe. Hier entspringt die menschliche Kreativität in all ihren Ausprägungen.

Unterstützung menschlicher Kreativität

Künstliche Intelligenz kann menschliche Kreativität bei der Suche nach Formen für die Gebäudehülle unterstützen. Dieser Prozess ermöglicht es Architekten interaktiv am Computer verschiedene Formvarianten zu erkunden. So trägt der Prozess zum Entwurf von Gebäudevarianten in frühen Entwurfsphasen bei. Das Paradigma des generativen Entwerfens, in dem der Computer eine Vielfalt von Gebäudevarianten modelliert, wird so durch eine intelligente Komponente erweitert, die Nutzern mehr Kontrolle über den Entstehungsprozess der Modellvarianten gibt.

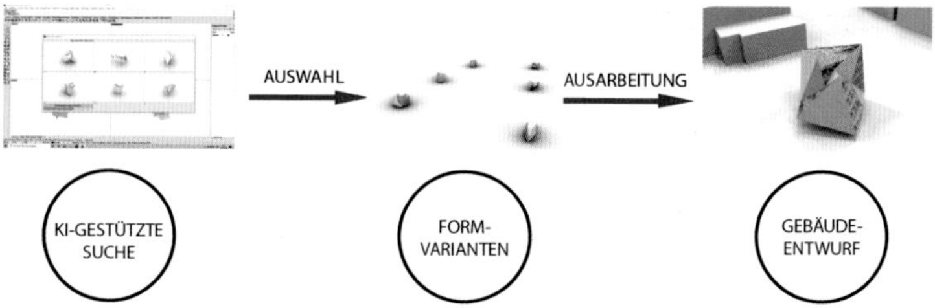

①⑦ Der zukünftige Gebäudeentwurf ist das optimale Auswertungsergebnis zuvor festgelegter Entwurfskriterien auf Basis von KI

Die Anwendung Künstlicher Intelligenz und architektonischer Optimierungstechnologie eröffnet die Möglichkeit, Gebäudevarianten nach festgelegten Entwurfskriterien rechnerisch auszuwerten. So bekommt der Computer die Aufgabe, in der er bessere Leistungen bringt als der Mensch – nämlich die Berechnung von Kriterien. Der Mensch hingegen kann durch die Betrachtung und interaktive Auswertung verschiedenste – auch weiche Kriterien – zur Beschreibung von Qualitäten mit einbringen.

Enge und weite Interaktion

Herkömmlicherweise wird bei der interaktiven Auswertung von Entscheidungsprozessen ein enger Ansatz der Interaktion gewählt. Hier wird jede vom Computer erzeugte Form auch vom Nutzer der Software betrachtet und bewertet. Dieser Ansatz gibt Anwendern volle Kontrolle über den Prozess, benötigt aber auch viel Aufmerksamkeit und bedeutet einen erheblichen Aufwand.

Ein breiter Ansatz für die Interaktion von Architekten mit dem KI-gestützten System bedeutet, dass Nutzer dem System über weite Strecken Autonomie zugestehen. Viele Gebäudeentwürfe werden dann ausschließlich durch das Computersystem ausgewertet. Dadurch sind die Entwurfsoptionen, die Architekten als Anwender erkunden, schon weiter fortgeschritten. Auch zwischen zwei Betrachtungsschritten verändern sich die Formen effektiver, sodass Unterschiede stärker herausgearbeitet werden.

Umgang mit komplexen Formen

Durch neue Fertigungstechniken, wie 3D-Druck oder CNC-Bearbeitung von Bauteilen, werden neue, komplexe Geometrien möglich, die vorher kaum vorstellbar waren. Dabei kann Künstliche Intelligenz Entwerfer unterstützen, indem Formen vorgeschlagen werden, die auf andere Art und Weise nicht bedacht worden wären. Gerade bei solch komplexen Formen ist es von Vorteil auch einen Optimierungsaspekt in die Formerzeugung mit einzubringen, um Formen zu bevorzugen, die beispielsweise niedrigere Bau- oder Energiekosten mit sich bringen.

Der Ansatz Künstlicher Intelligenz

Ein Ansatz in der Künstlichen Intelligenz, um effizienter zu arbeiten, ist Human-in-the-loop Technologie. Hierbei wird der Mensch durch die Künstliche Intelligenz in seiner Entscheidungsfindung unterstützt. Dabei kann es sich zum Beispiel um Optimierungsprozesse handeln, die kontinuierlich bessere Entwurfsvarianten erzeugen.

Eine andere Möglichkeit ist durch Vorhersage die Auswertung verschiedener Kriterien zu verbessern. So können umfangreiche Berechnungen in ihrem Aufwand reduziert werden. Auf diese Art und Weise ist es auch möglich aus menschlichen Entscheidungen zu lernen und ähnliche Formen vorzuschlagen. Beispielsweise kann die Künstliche Intelligenz Architekten und Planern bei der Auswahl geometrischer Formen für die Darstellung der Außenhülle unterstützen.

Human-In-The-Loop-Technologie ermöglicht es darüber hinaus visuell eine Vielzahl von Gebäudeentwürfen am dreidimensionalen Modell zu erkunden. Dabei wird die Vorstellungskraft der Architekten durch die erzeugten Formen stimuliert. Die eigene Kreativität kann so aktiv in einem Formfindungsprozess angewandt werden. Gedanken über die Qualitäten und Kriterien des Gebäudeentwurfs können durch die Auswahl von Gebäudevarianten aktiv eingebracht werden. Im Hintergrund kann der Computer erzeugte Gebäudeformen berechnen.

Schnittstellen zu BIM

Schließen wir den Kreislauf vom Entwurf zur Konstruktion durch Entwurfsoptimierung und Building Information Modeling (BIM). Schnittstellen und Mechanismen, um die architektonische Optimierung zugänglicher und intuitiv handhabbar zu machen müssen weiterentwickelt werden. Das Potenzial der Anwendung von BIM in teil-automatisierten Workflows schon in frühen Entwurfsphasen ist groß. Mittels neuartiger Instrumente für die menschliche Interaktion mit Entwurfssystemen kann Künstliche Intelligenz in bestehende Workflows eingebunden werden.

Die Teil-Automatisierung mit KI-gestützten Prozessen bietet aktive Werkzeuge, die Aufgaben bei der Entscheidungsfindung übernehmen können. Human-In-The-Loop Technologie auf Grundlage maschinellen Lernens gibt Architekten Kontrolle über die ästhetische Entwicklung im Formfindungsprozess. Der integrale Performance-Trade-off entlastet den Entwerfer. So kann Künstliche Intelligenz zur Unterstützung der Kreativität von Architekten und Planern während der Erzeugung architektonischer Geometrien genutzt werden.

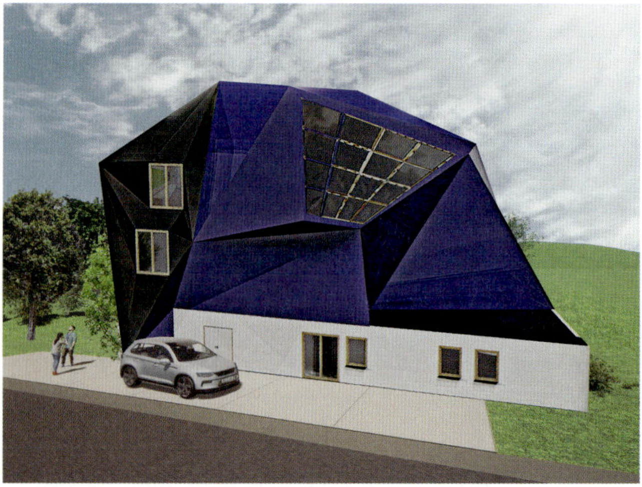

①⑧ KI-Entwurf eines Wohnhauses

Die Zukunft ist greifbar

In seiner Büropraxis setzt der Autor dieses Beitrages Künstliche Intelligenz ein, um seine Arbeit in frühen Entwurfsphasen zu stimulieren, sich neue Eindrücke von Formen zu verschaffen und komplexe Geometrien zu erarbeiten. Es ist eine Arbeitsweise, in der eine Art Konversation zwischen der Künstlichen Intelligenz und dem entwerfenden Architekten stattfindet.

Dabei werden immer wieder neue Ideen getestet und eine Vielzahl möglicher Geometrien angezeigt, um effizient zu entwerfen und neue Entwurfsansätze auszuprobieren. Außerdem verwendet der Autor Künstliche Intelligenz, um effizientere Gebäudeentwürfe zu erzeugen, die nach unterschiedlichen Entwurfskriterien bewertet werden. Dabei unterstützt der Computer mit Berechnungen und quantitativen Ergebnissen, die helfen, Gebäudeentwürfe besser zu verstehen. So können auch bei einer Vielzahl von Entwurfsvarianten die Gestaltungsansätze weiterverfolgt werden, die nachhaltiger sind oder wirtschaftliche Kriterien besser erfassen.

5.4

Automatisierte Grundrisserzeugung in der Entwurfsphase

ANDREAS GEIGER UND YINGCONG ZHONG

Grundlagen für eine Grundrissplanung

In der Entwurfsphase eines Bauprojektes müssen grundlegende Entscheidungen für das zukünftige Gebäude getroffen werden. Erste konkrete Entwürfe beziehungsweise Planungskonzepte, sowie eine Kostenschätzung werden nach der HOAI (Honorarordnung für Architekten- und Ingenieurleistungen) in der Vorplanung (Leistungsphase 2) erstellt und in der Entwurfsplanung (Leistungsphase 3) weiter ausgearbeitet. Diese Planungsphasen sind im § 3 der HOAI definiert. Sie gliedert die Gesamtleistung innerhalb eines Bauprojekts in einzelne Teile und dient als Grundlage für die Planungsleistungen. Werden Änderungen in späteren Leistungsphasen notwendig, führt dies zu einem Mehraufwand und damit zu Mehrkosten und unnötigen Verzögerungen.

Hinzu kommt, dass im Zuge der fortschreitenden Digitalisierung der Bauindustrie Building Information Modelling (BIM) eine immer stärkere Bedeutung erlangt. Mit BIM lassen sich Bauprozesse durchgängiger und effizienter planen. Dies bedeutet aber auch, dass idealerweise bereits in der Leistungsphase 2 mit der Erstellung eines digitalen Gebäudemodells begonnen werden sollte.

Ausgangspunkt für eine Grundrissplanung bildet das sogenannte Raumbuch. Das Raumbuch beschreibt – meist in tabellarischer Form – die Anforderungen und nutzungsabhängige Attribute der einzelnen Räume oder Raumtypen. Zusätzlich müssen Anforderungen aus Normen und Vorschriften berücksichtigt werden und nicht zuletzt beeinflussen implizites Wissen, individuelle Erfahrungen und Vorstellungen ein Grundrisslayout. Dabei handelt es sich um einen heuristischen

Prozess, das bedeutet durch „Trial-and-Error" wird versucht, ein ideales Raumlayout zu ermitteln. Durch die Vielzahl an Randbedingungen, die zu berücksichtigen sind, handelt es sich um ein klassisches Optimierungsproblem.

Die computergestützte Grundrisserzeugung lässt sich hierbei in einen operativen und einen nicht-operativen Teil unterteilen. Für den nicht-operativen Teil wird der Erzeugungsprozess durch menschliche Interaktion unterstützt und im operativen Teil werden algorithmische Ansätze für die Erzeugung von Layoutvorschlägen genutzt. Häufig verwendete Ansätze sind die evolutionären Algorithmen, die mathematische Optimierung oder das maschinelle Lernen.

Im Weiteren wird auf zwei Projekte der Arbeitsgruppe „Semantische Datenmodelle" am Karlsruher Institut für Technologie (KIT) eingegangen, die sich mit dem Thema Erzeugung von Grundrisslayouts aus den Informationen des Raumbuches beschäftigen.

Ansätze zur automatisierten Grundrisserzeugung

Im Rahmen des EU-Forschungsprojektes Streamer wurde prototypisch das Software-Werkzeug Early Design Configurator (EDC) entwickelt. Diese Anwendung ist Teil einer Prozesskette, die von der Definition der Anforderungen bis zur Bewertung der vom EDC generierten Vorschläge zur Berechnung von Leistungskennzahlen (KPI) reicht.

Für die automatisierte Erzeugung der Grundrisse kommt dabei ein evolutionärer Algorithmus zu Einsatz. Obwohl die durch evolutionäre Algorithmen erzeugten Layoutvorschläge den Anforderungen entsprechen, werden keine realistischen Grundrisse als Referenz oder Bewertungskriterien in dieser Methode verwendet. Dies wird erst durch die Verwendung von Deep Learning-Algorithmen ermöglicht. Muster oder Regeln aus existierenden Grundrissen lassen sich damit erlernen, um die automatisierte Erzeugung neuer Grundrisse zu unterstützen.

Dieser Ansatz wird in dem aktuellen, durch das Bundesministerium für Wirtschaft und Energie (BMWi) geförderte Forschungsprojekt Smart Design and Construction (SDaC) genutzt. Das zentrale Ziel in diesem

Projekt ist die Entwicklung einer Plattform für die Nutzung von Anwendungen der Künstlichen Intelligenz in der Bauwirtschaft.

Der Einsatz von KI kann dazu beitragen Bauvorhaben effizienter und schneller abzuwickeln. Daten sind oft schwach strukturiert, heterogen und verteilt abgelegt. Mit Methoden der KI werden diese Daten auf der SDaC-Plattform aufbereitet, um so den Zugriff auf Informationen zu vereinfachen und diese intelligent nutzen zu können. Während der Projektlaufzeit werden sechs Anwendungsfälle prototypisch umgesetzt. Mit dem Anwendungsfall „Automatisierte Planung" wird ein Modul für die automatisierte Erzeugung von Gebäudegrundrisslayouts entwickelt. Dabei werden bestehende Grundrisse analysiert und Informationen von vorhandenen Gebäuden genutzt, um den Anwender bei der Erzeugung neuer Grundrisse zu unterstützen. Für die Layoutgenerierung werden hierzu verschiedene Ansätze der mathematischen Optimierung und des maschinellen Lernens analysiert und getestet. Besonderer Fokus liegt hierbei auf dem sogenannten Generative Adversarial Network (GAN). Zusätzlich werden Nachbarschaftsbeziehungen zwischen Räumen und die Konsistenz von Layouts mit Hilfe von Graphen überprüft. Entsprechende Ansätze hierzu wurden von Krishnendra Shekhawat und seinen Kollegen entwickelt.

Gemäß Abbildung ist der Ablauf der automatisierten Grundrisserzeugung des SDaC-Anwendungsfalles „Automatisierte Planung" schematisch dargestellt.

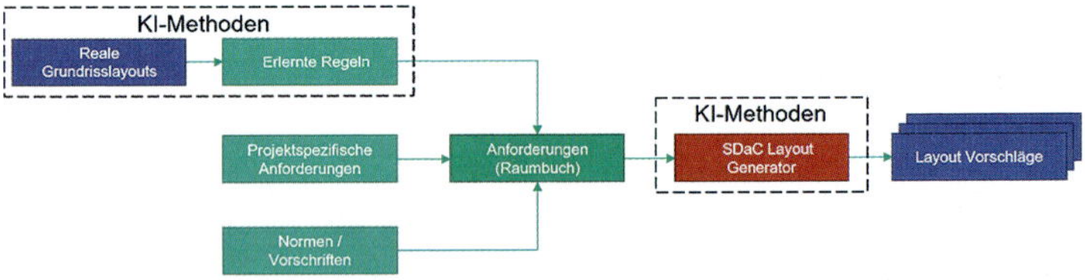

①⑨ Schematisches Konzept des SDaC Anwendungsfall „Automatisierte Planung"

Das zentrale Element bildet das Raumbuch. In dieses Raumbuch fließen die projektspezifischen Anforderungen und Anforderungen aus

Normen und Vorschriften ein. Zusätzlich werden Kenntnisse aus trainierten Grundrissen der SDaC-Plattform berücksichtigt. Diese Kenntnisse werden mit Hilfe von KI-Methoden aus realen Grundrisslayouts gewonnen. Aus diesen Anforderungen werden die Eingangsparameter für den eigentlichen Layout Generator erzeugt. Im Layout Generator werden für die Erzeugung der Grundrisslayouts Ansätze basierend auf künstlichen neuronalen Netzwerken genutzt. Es handelt sich dabei um eine Gruppe von Algorithmen aus den Bereichen des unüberwachten Lernens (Deep Learning). Um die Konsistenz und Vollständigkeit eines Layout Vorschlages zu gewährleisten, wird für die Beziehungen der Räume eine Raumtopologie mit Hilfe von Graphen aufgebaut und analysiert. Die daraus resultierenden Vorschläge einzelner Grundrisse werden visuell dargestellt und können von einem Experten bewertet werden. Für den Bewertungsprozess ist angedacht, dass die Layouts interaktiv bearbeitet werden können. Dieser Anwendungsfall befindet sich noch in einer frühen Entwicklungsphase und die aktuellen Tests werden noch mit relativ einfachen und übersichtlichen Raumbuchvorlagen durchgeführt.

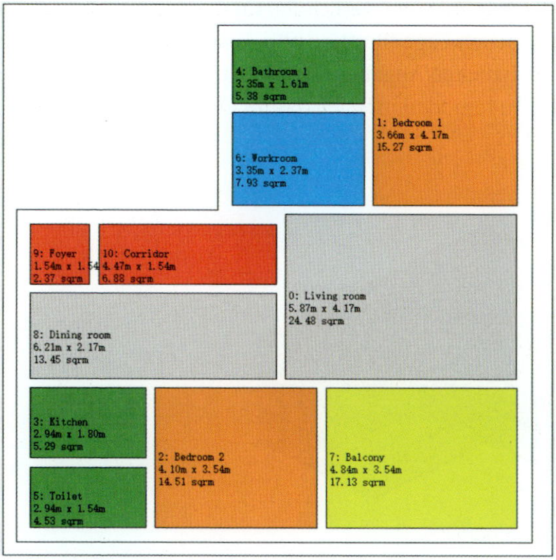

②⓪ Beispielhafter Grundrissentwurf des SDaC Anwendungsfall „Automatisierte Planung"

Ausgangspunkt dieses Entwurfes ist ein Raumbuch mit den vorgegebenen Raumtypen und deren Anzahl. Für jeden Raumtyp ist der minimale und maximale Flächenbedarf angegeben. Zusätzlich wurden für einige der Räume Nachbarschaftsbeziehungen definiert. So wurde beispielsweise vorgegeben werden, dass der Flur und der Eingangsbereich (die beiden roten Räume) eine direkte Verbindung besitzen müssen. Ebenso ist es möglich, eine bevorzugte Ausrichtung für einzelne Räume vorzugeben (z. B. Schlafzimmer Richtung Osten).

Ergebnisse mit Open BIM

Das Ergebnis der automatisierten Layouterzeugung sind 2D-Grundrisse der einzelnen Räume pro Stockwerk. Um aus diesen Daten ein Open BIM-Gebäudemodell zu erstellen, sind eine Reihe zusätzlicher Angaben erforderlich. Dazu gehören einerseits die Bauteildicken für Innen- und Außenwänden, Decken und Dachelemente (als Flachdach), sowie entsprechende Materialparameter. Die Wandstärken werden dabei schon für das Grundrisslayout berücksichtigt. Weiter sind Angaben zur Stockwerkshöhe (konstante Stockwerkshöhe für das gesamte Gebäude), sowie der geographischen Lage (Position und Ausrichtung) erforderlich. Mit Hilfe dieser zusätzlichen Angaben ist die Erstellung eines dreidimensionales Gebäudemodell möglich das im Open BIM-Format IFC bereitgestellt wird.

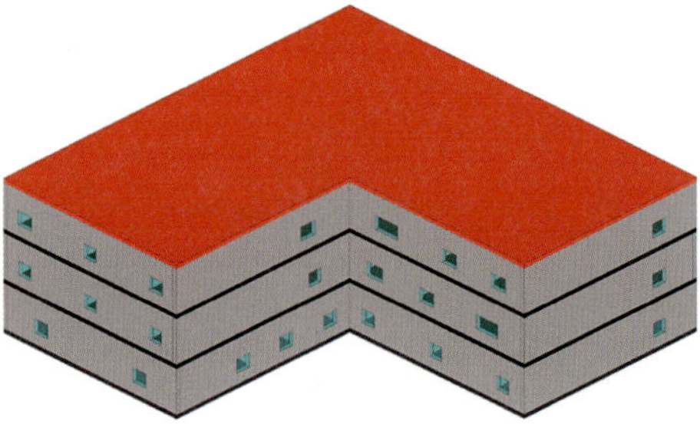

②① IFC 3D-Gebäudemodell

Damit ist die weitere Nutzung der Daten in Open BIM kompatiblen Werkzeugen möglich und erlaubt bereits in der Entwurfsphase die Verwendung der Daten in Simulationswerkzeugen. Als Beispiel sei hier die Abschätzung des thermischen Verhaltens eines Gebäudes angeführt. Für die Erzeugung eines 3D-Gebäudemodells werden die IFC Versionen IFC2x3 und IFC4 unterstützt.

Neben dem reinen 3D-Gebäudemodell werden darüber hinaus auch die sogenannten Raumbegrenzungselemente berechnet und erzeugt. Dabei handelt es sich um die Kontaktflächen zwischen einem Raum und den angrenzenden Bauteilen. IFC unterscheidet hierbei zwischen „Level 1", in dem die Flächen aus Raumsicht pro Bauteil aufgeteilt werden und „Level 2", wobei die gegenüberliegenden Räume und Bauteile bei der Aufteilung der Flächen berücksichtigt werden. Insbesondere die „Level 2"-Raumbegrenzungselemente werden für Simulationswerkzeuge genutzt.

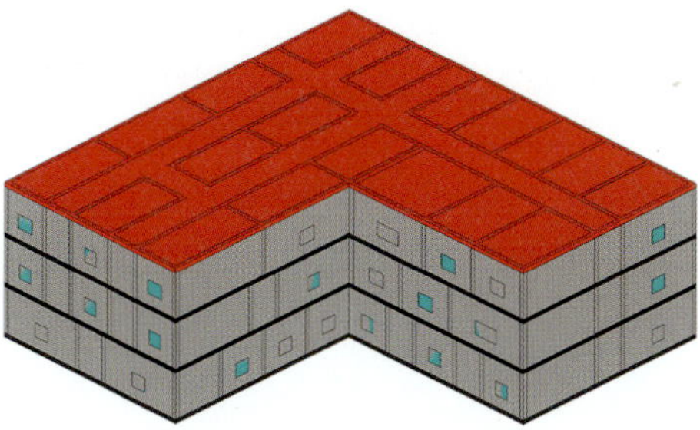

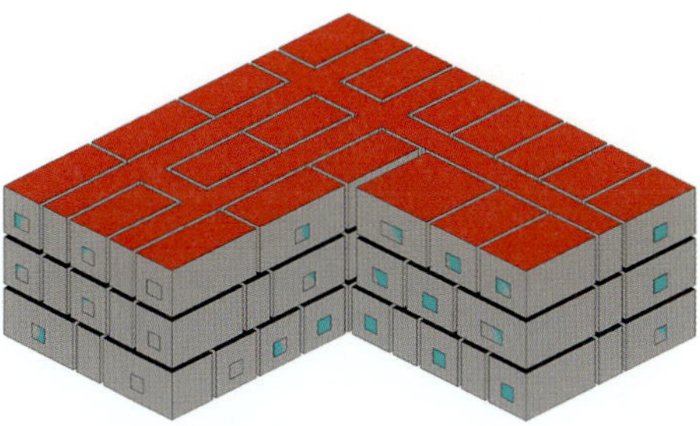

②② FC Raumbegrenzungselemente eines Layout-Entwurfes (oben äußere und unten innere Begrenzungsflächen)

Zusätzlich zu den inneren Raumbegrenzungen ist es ab IFC4 möglich, die Außenhülle eines Gebäudes durch Begrenzungsflächen mit Nachbargebäuden und der Umwelt zu beschreiben. Auch diese Begrenzungsflächen werden automatisch berechnet. Die hier abgebildeten Gebäudemodelle wurde mit dem EDC aus dem EU-Forschungsprojekt Streamer generiert. Das SDaC-Projekt befindet sich aktuell noch in der Entwicklung und die Exportfunktionalität dieses Anwendungsfalles steht zum jetzigen Zeitpunkt noch nicht zur Verfügung, wird aber auch hier in vollen Umfang unterstützt werden.

5.5

KI und Virtual Reality im digitalen BIM-Planungsprozess

JOCHEN KNECHT, ROBERT KNOLMAR UND KLAUS TEIZER

Stand der Dinge im Bauwesen

Weltweit wird an Möglichkeiten geforscht, den Bauprozess abseits von Building Information Modeling (BIM) digital zu optimieren. In der Planungs- und Baubranche werden seit Jahrzehnten bereits zahlreiche Werkzeuge und Tools basierend auf KI-Algorithmen eingesetzt.

Zum Beispiel können anhand dreidimensionaler Gebäudemodelle Fluchtwegelängen idealpassend bestimmt und regelkonform geprüft werden. Bereits heute werden parametrische beziehungsweise generative Algorithmen zur Entwicklung neuer Gebäudeformen und Baustrukturen verwendet. Aktuelle Ansätze des Maschinellen Lernens kommen bei der Restaurierung und Analyse alter Gebäude zum Einsatz. Virtual-Reality-Lösungen werden für die Planung neuer Labore oder den Rückbau von Atomkraftanlagen genutzt.

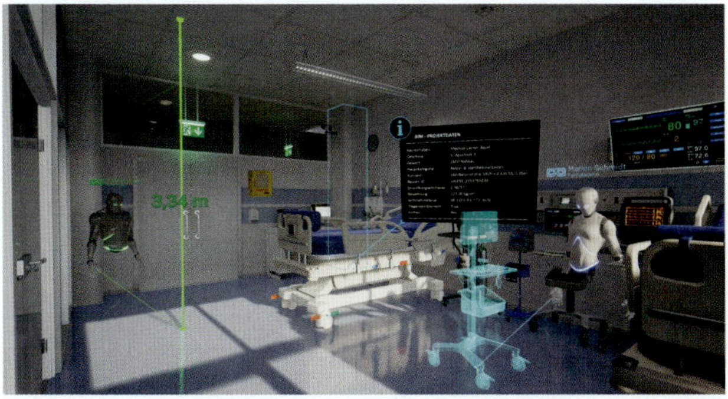

②③ Investitionsentscheidungen über interaktive Virtual Reality-Lösungen frühzeitig mit Bauherrn und Nutzer absichern

Trotz aller zuvor genannten Innovationen und Ansätze ist es bisher jedoch nicht gelungen, Gebäude in frühen Planungsphasen umfassend mit KI integral zu entwickeln. Dabei geht es primär nicht nur um äußere Gebäudeformen oder das Generieren von Raum- beziehungsweise Grundrisslayouts innerhalb festgelegter Gebäudegrenzen.

Gemeint ist vielmehr eine ganzheitlich KI-unterstützte Planung, bei der dem Anwender von der Topologie über die Planung einzelner Geschosse bestmöglich dazu passende Varianten im Einklang mit der Bauwerks- und Tragwerkskonstruktion sowie unter Berücksichtigung der Technischen Gebäudeausrüstung vorgeschlagen werden. Gerade die unterschiedlichen Wechselwirkungen der beteiligten Fachdisziplinen und Gewerke bilden dabei die Herausforderung und sind im Sinne des Projekterfolges mitzudenken und zu beachten. Doch während der Begriff Virtual Reality für viele Planungs- und Baubeteiligte noch greifbarer erscheint, wird es bei KI schon schwerer. Womit haben wir es also zu tun?

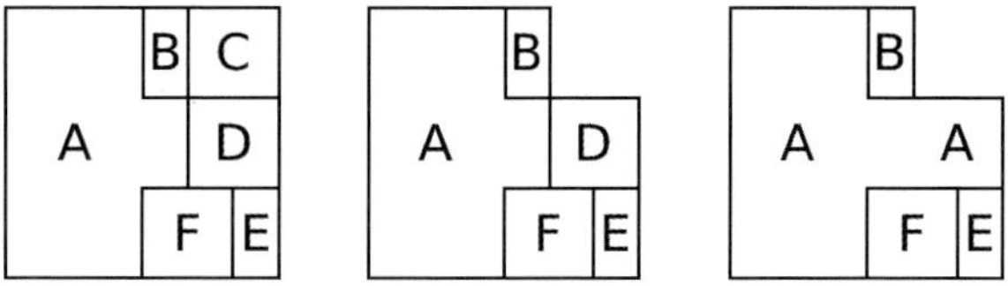

②④ Einfache KI-basierte Raumanordnungen ohne weitere Wechselbeziehungen mit anderen Fachdisziplinen und Gewerken

KI ist nicht gleich KI

Nach einem kurzen KI-Boom in den 1960er und 1980er Jahren folgten jeweils dazwischen und danach die in der Fachliteratur oft zitierten KI-Winter. Diese Phasen symbolisieren Zeiten, in denen durch einen rapiden Investitionsrückgang die Forschung und Entwicklung von KI-Lösungen nur noch eingeschränkt möglich war.

Doch spätestens mit der Gründung der Firma DeepMind im Jahr 2010 und der Übernahme durch Google Inc. im Jahr 2014 kam das Thema Künstliche Intelligenz (KI) wieder verstärkt in den Fokus.

Spätestens als im März 2016 mit dem Computerprogramm AlphaGo der südkoreanische Go-Profi Lee Sedol geschlagen werden konnte, ist Künstliche Intelligenz weltweit wieder in aller Munde. In den letzten Jahren setzen viele bekannte KI-Ansätze verstärkt auf Maschinelles Lernen (Machine Learning). Dieser Ansatz steht für einen Teilbereich der Künstlichen Intelligenz, in dem mit Hilfe von Trainingsdaten komplexe statistische Modelle erzeugt werden. Solche Modelle assistieren bei der Spracherkennung, beim Entwickeln komplexer Molekül-Ketten, oder stellen beim Spielen von Go für Menschen unschlagbare Gegner dar.

Darüber hinaus gibt es weitere Teilbereiche und methodische Herangehensweisen der Künstlichen Intelligenz. Hierzu zählen insbesondere Evolutionäre Algorithmen oder die Logikprogrammierung.

Grundsätzlich wird zwischen symbolischer und neuronaler KI unterschieden: Die neuronale KI verfolgt den Ansatz, das menschliche Gehirn und dessen Denkmuster nachzubilden. Die symbolische KI hingegen bemüht den umgekehrten Ansatz, in dem versucht wird, die Umgebung oder ein Problemfeld symbolisch zu abstrahieren, um daraus Rückschlüsse zu ziehen und die Zusammenhänge erkennen zu können.

Ein gängiges Beispiel dafür ist ein sozialer Graph, bei dem Menschen als Knoten (Nodes) und deren Beziehungen zueinander als Kanten (Edges) dargestellt werden. Daraus folgend können jetzt Algorithmen die Beziehungen analysieren und Kausalitäten herstellen. Im Sommer 2020 wurde zusätzlich von IBM der Begriff „neuro-symbolische KI“ (neuro-symbolic Artificial Intelligence) für Hybridsysteme geprägt, in denen diese beiden Ansätze vereint werden.

Hier zeigt sich: KI ist nicht gleich KI. Auf eine vielfältige Art und Weise stehen diese Buchstaben für den Einsatz verschiedenster Methoden, Algorithmen sowie Theorien unterschiedlicher Fachbereiche.

Mehrwerte von KI in frühen Planungsphasen

Seit vielen Jahrzehnten werden in einigen Softwareprodukten Algorithmen mit einfachen Anwendungen eingesetzt. Mittlerweile werden die Marktpotenziale von umfänglicheren KI-basierten Lösungen auch für die Planungs- und Baubranche erkannt und aus der Perspektive der Fachbeteiligten wie auch der Anwender diskutiert.

Aus eigenen Erfahrungen stellen die frühen Planungsphasen von der ersten Entwurfsidee hin zur Genehmigungsplanung die anspruchsvollsten und zugleich zeitintensivsten Prozessschritte dar. Hier werden die Grundlagen für die spätere Ausführung und Nutzung des Gebäudes und den Projekterfolg oder Misserfolg gelegt. Fehler und nicht erkannte Zusammenhänge können sich nachfolgend fundamental in Bezug auf Kosten, Termine und Qualität auswirken. Im perfekten Zusammenspiel aller Fachdisziplinen liegt die besondere Chance. Potenziale und Chancen können früh erkannt und eine Vielzahl von komplexen Einflüssen auf das Projekt rechtzeitig lokalisiert werden.

Bewertung

Flächennutzung	0.97
Dimensionen	0.98
Kompaktheit	0.73
Raumformen	0.73
Konvexität	0.93
Fassaden-Präferenzen	0.63
Stockwerk-Präferenzen	0.87
Separierung	0.52
Nachbarschaften	0.71
Gesamtfläche	0.92

Laufzeit	113.8s
Insgesamt generiert	65000 Layouts

②⑤ Automatisierte Bewertung von Gebäudeentwürfen mit Bezug zu vordefinierten projektspezifischen Randbedingungen zwecks transparenter Auswahl der Zielvariante

So können ganzheitlich automatisch-generierte Entwürfe auf Basis zuvor gemeinsam definierter Randbedingungen exakt anhand deren Zielübereinstimmung (Qualität, Zeit, Kosten) transparent bewertet werden. Architekten und Ingenieure werden dadurch in die Lage versetzt, innerhalb kürzester Zeit eine Vielzahl von Lösungsvorschlägen zu generieren, auf Mehrwerte zu prüfen und anschließend integral zu optimieren. Durch die weitere Verknüpfung mit Virtual Reality ist es außerdem möglich, die jeweiligen Vorschläge direkt begehbar zu erleben und weitere Abstimmungen im Projektteam vorzunehmen.

Mensch und Algorithmen im Planungsprozess

Mitnichten wird in absehbarer Zeit Künstliche Intelligenz zwangsläufig dazu führen, dass kein menschliches Zutun mehr vonnöten ist. Im Gegenteil: Die Rahmenbedingungen, in welchen der Algorithmus operiert, werden weiterhin von Menschen festgelegt. Allerdings werden zunehmend die Fähigkeit einer gründlichen Evaluierung der Rahmenbedingungen wichtig sowie die Fähigkeit aus den Ergebnisanalysen den optimierten Algorithmus abzuleiten.

In der intelligenten Kombination von IT, planerisch-bautechnischem Fachwissen und praktischen Erfahrungen generieren KI-Algorithmen auf einer cloudbasierten Wissensdatenbank erste integrale Lösungsvorschläge. Beispielsweise unterstützen in anderen Bereichen, wie dem Automobil oder in Flugzeugen Assistenzsysteme den Menschen, ein optimales Ergebnis zu erzielen und Hindernisse frühzeitig zu erkennen. Ein solches Assistenzsystem ermöglicht im Bauwesen in einer frühen Planungsphase den Start der BIM-basierten Planung hin zum Digitalen Zwilling.

Cloudbasierte Wissensdatenbank für KI-basierte Gebäudeentwürfe

Im Zuge der Bedarfsplanung beziehungsweise nach ersten Gesprächen mit dem Bauherrn und den Nutzern können Architekten und Fachplaner die initialen Projektparameter in einer cloudbasierten Wissensdatenbank anlegen. Zu diesen projektspezifischen Informationen zählen beispielsweise die verfügbare Fläche, die maximalen nach Baurecht zulässigen Gebäudedimensionen oder die vor Ort verfügbaren potenziellen regenerativen Energieerzeuger. Mittels eines Raumprogramms können Räume und deren Anforderungen wie Flächen, Nutzung, oder Abmessungen sowie weitere Präferenzen näher beschrieben und definiert werden.

Fehler und Lücken im Raumprogramm kann die Plattform auf Basis einer Wissensdatenbank selbstständig erkennen und beheben. Die Beziehungen der Räume zueinander können als Graphen analysiert und somit von der Plattform verstanden werden. Ebenso können Daten anderer oder ähnlicher Projekte mit einfließen. Semantische Beziehungen zwischen Bauelementen lassen sich durchsuchen und mit den projektspezifischen Anforderungen vergleichen.

Durch bestimmte Projektparameter können ganze Kategorien von Bauelementen ausgeschlossen, andere wiederum vorgeschlagen werden. Auf Basis all dieser Informationen bildet sich ein Hypergraph aller Anforderungen und Möglichkeiten, der unter Einsatz weiterer KI-Algorithmen für die Optimierung und Planung des Gebäudes verwendet wird. Auch hier stehen dem Anwender verschiedene Möglichkeiten und individuelle Anpassungen zur Verfügung: Werden einzelne Einschränkungen im Projekt besonders kritisch bewertet, können alle Entwürfe daraufhin optimiert werden. Umgekehrt kann der Plattform auch die komplette Entscheidungsfindung überlassen werden, um so eine höhere Varianz an Entwürfen zu erreichen.

Doch unabhängig von dieser Entscheidung ist jeder Entwurfsvorschlag für den Anwender nachvollziehbar. Dazu gehört auch, dass alle Entscheidungen und auch deren Gewichtung vom Benutzer eingesehen werden können. Auch eine Bearbeitungshistorie von Projekt- und Raumdaten kann jederzeit wegen derer fundamentalen Beeinflussung der Gebäudeentwürfe nachvollzogen werden (Bild 26).

Was bis vor wenigen Jahren noch mehrere Stunden oder sogar Tage in Anspruch genommen hat, lässt sich heute auf cloudbasierten Plattformen in wenigen Sekunden berechnen und anzeigen. Die so von KI-Algorithmen erzeugten Vorschläge können bequem im Browser durch den Anwender betrachtet und bewertet werden.

Via Export im IFC-Format können vielversprechende Vorschläge mit den Fachdisziplinen geteilt, direkt in andere Tools eingelesen und weiterverarbeitet werden.

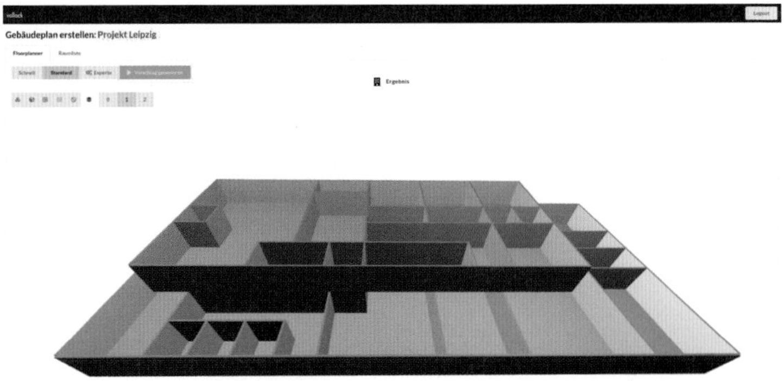

②⑥ Beispiel eines integralen KI-basierten Gebäudeentwurfs über Stockwerke hinweg anhand zuvor mit dem Nutzer definierten projektspezifischen Parameter

Virtual Reality und der reale Digitale Zwilling

Die vielversprechenden Gebäudeentwürfe können sogar direkt in Virtual Reality (VR) interaktiv mit dem Bauherrn, dem späteren Nutzer oder mit den Fachplanern erlebt werden. Damit stellen VR-Lösungen keine Sackgasse in der Entwicklung dar, sondern sollten im ganzheitlichen Kontext des BIM-Planungsprozesse als nahtloses Werkzeug verstanden werden.

Mittels BCF lassen sich erforderliche Änderungen schnell und elegant erfassen, transparent für alle Beteiligten dokumentieren und in weitere Tools transformieren. Der Digitale Zwilling wirkt durch die Simulation von tatsächlichen Lichtverhältnissen zu verschiedenen Tages- und Jahreszeiten oder der Interaktion von virtuellem Mobiliar ganz real.

Durch das stringente Frontloading von Informationen und Daten in frühe Planungsphasen kann mit KI und VR im digitalen BIM-Planungsprozess der gesamte Planungs- und Bauprozess faktenbasiert beschleunigt werden. KI ist derzeit kein Allheilmittel für jedes denkbare Problem. Richtig eingesetzt kann Künstliche Intelligenz jedoch einen enormen Wettbewerbsvorteil verschaffen und die tagtägliche Arbeit bereichern.

5.6

Laboreinrichtungen der Zukunft mit BIM und KI

CHRISTIAN KOLB

Hype Cycle

Aktuell macht jeder BIM. In den Medien liest man vermehrt davon, Webinare und Online-How-To's stapeln sich im Kalender und man wird schier zum „Event-Messie“. Und der Auftraggeber fordert es bereits im Idealfall. Auch im Rahmen der vorliegenden Publikation findet man sich ein, um unter anderem Informationen über BIM aufzulesen sowie Erfahrungen miteinander zu teilen. Ein regelrechter „BIM-Rush“ also! Aber man glaubt doch nicht etwa, dass BIM ein Hype wäre? Was ist unter „Hype“ überhaupt zu verstehen?

Ein kurzer Exkurs: Definiert als Welle oberflächlicher Begeisterung eines Fachpublikums, beginnt jeder Hype mit einem technologischen Impuls (Innovation Trigger), welcher sich in raketenartigem Tempo zu einem Gipfel überzogener Erwartungen (Peak of Inflated Expectations) bewegt. Oben angekommen, ist die Luft noch dünn und die dort vorgefundenen Erkenntnisse verwandeln sich abrupt in eine Achterbahnfahrt hinunter in ein Tal der Enttäuschung (Trough of Disillusionment). Hier trennen sich Glaube und Realität sprichwörtlich wie die Spreu vom Weizen. Der optimistische Pionier wirft an der Stelle jedoch seine Flinte nicht ins Korn. Er begibt sich auf einen langen Pfad der Erleuchtung (Slope of Enlightenment), indem er immer wieder ausprobiert, aus Fehlern lernt, die Dinge optimiert und am Ende des Tages ein vorzeigbares Plateau der Produktivität (Plateau of Productivity) erreicht. Nun gesellen sich auch wieder jene Trittbrettfahrer hinzu, die spätestens nach der turbulenten Achterbahnfahrt im Tal enttäuscht ausgestiegen sind.

Diese zyklische, phasenartige Darstellung von öffentlicher Erwartungshaltung für eine bestimme Innovation im zeitlichen Kontext wird auch als „Hype-Zyklus“ (engl.: Hype Cycle) bezeichnet. Geprägt ist der Begriff von Gartner Inc., einem US-Marktforschungsinstitut. Jährlich erscheint der „Gartner Hype Cycle for Emerging Technologies“. Hierbei handelt es sich um eine Art Radar, welches Technologien aufzeigt, die gerade am Aufstreben oder Fallen sind und prognostiziert zeitlich, wann diese womöglich ein produktives Plateau erreichen.

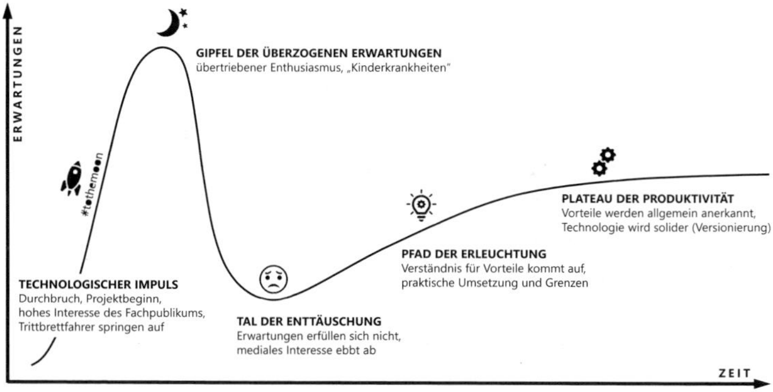

②⑦ Darstellung eines Hype-Cycle

Künstliche Intelligenz im BIM-Kontext befindet sich hier sicherlich noch am Gipfelzustieg. Demgegenüber lässt sich die BIM-Methodik nur schwer im Hype-Zyklus eindeutig verorten. Zu verschieden sind die internationalen und vor allem nationalen BIM-Reifegrade in Anlehnung an die BIM-Level 0 bis 3. Während die Innovatoren und frühen Anwender vielleicht schon am Weg zu interoperablen Daten in deren Modellen sind (iBIM), befinden sich die späte Mehrheit und so mancher „Nachzügler“ wahrscheinlich erst am Sprung von 2D-CAD zu 3D-CAD. Ganz zu schweigen von den „Verweigerern“, die das Ganze aussitzen. Schließlich kommen branchenübergreifende Unschärfen im Bauwesen beispielsweise zur Laborbranche hinzu.

Neues Gold

So, wie sich die Schaufelräder der digitalen Transformation langsam, aber sicher immer weiter in tradierte Fundamente graben, so suchten von 1848 bis 1854 Zehntausende ihr Glück im kalifornischen Boden. Die Rede ist vom „California Gold Rush“. Die Gewinner waren nicht unbedingt die Goldgräber. Hauptsächlich profitierten deren Zulieferer, welche die Goldsuchenden mit robuster Arbeitskleidung (Jeans) sowie ordentlichem Handwerkszeug ausstatteten.

Kommen wir wieder „zurück in die Zukunft“ zum BIM-Rush: Wer sind hier die Gewinner?

Um Antworten auf diese Frage zu finden, versucht dieser Beitrag aufzuzeigen, wie die gesamte Wertschöpfungskette Bau am Beispiel von Laboreinrichtungen von einer Synergie aus BIM als Prozess und Künstlicher Intelligenz als Technologie profitieren kann.

Datenträger

Wie allgemein bekannt ist, wird BIM genau übersetzt mit „Bauwerksinformationsmodellierung“ oder auch als „Bauwerksdatenmodellierung“. Auf der einen Seite liegt erst zu planendes, dann zu errichtendes und schließlich zu betreibendes Bauwerk vor. Auf der anderen Seite ergeben sich in dessen weiteren Verlauf seines Lebenszyklus aufkommende, notwendige und zu managende Daten. Daher darf man den BIM-Begriff auch legitim erweitern zu „Building Information Management“. Zusammen ergeben sich folglich Bauwerksdaten. Der Prozess, diese Bauwerksdaten zu visualisieren und ihnen somit eine geometrische Hülle zu geben, sei an der Stelle als „Modellieren“ zu verstehen. Diese Handarbeit mit Maus und Tastatur erfolgt primär mithilfe von BIM- beziehungsweise CAD-Werkzeugen. Auf diese Weise generieren die jeweiligen Fachdisziplinen in einem Projekt deren BIM-Modell als sogenanntes Fachmodell.

Dies funktioniert intern sowie extern mal gut und mal weniger gut. Bei der Erstellung eines konsolidierten, also brauchbaren Modells, bedarf es unter anderem einer lückenlosen Verortung von Informationen. Hiermit soll eine korrekte, oder, wenn es im Projekt vertragsrelevante

BIM-Dokumente, wie Auftraggeber-Informationsanforderungen (AIA) oder einen BIM-Abwicklungsplan (BAP) gibt, auch geschuldete Attribuierung gemeint sein.

Je nach Planungsphase sowie vertraglicher Vereinbarung, kann der Gehalt an Bauwerksdaten gering (Vor- und Entwurfsplanung), moderat (Ausführungsplanung) oder hoch (Werk- und Montageplanung) sein. So übernimmt ein Hersteller von Laboreinrichtungen nach dessen Vergabe in der Regel das herstellerneutrale Fachmodell des Laborplaners gemäß HOAI aus der Leistungsphase 5 und eine separate, meistens aus dem Modell abgeleitete, excelbasierte „Attributenliste". Idealerweise wird nun auch der Laborhersteller aktiv in eine Fortschreibung des BAPs miteinbezogen, um gemeinsam mit dem BIM-Management und der BIM-Gesamtkoordination des Auftraggebers notwendige Festlegungen für das Werk- und Montagemodell zu definieren.

Je nach Planungs- oder Baufortschritt und geschuldeter Datenlieferung zu den jeweiligen Datenlieferzeitpunkten (Data Drops), geht der Weg sukzessive in Richtung vollwertiger, konsistenter, Informationszwilling – vom „wie-geplant"-Modell (as-Planned) zum „wie-gebaut"-Modell (as-Built). Die as-Built-Variante enthält somit im Idealfall sämtliche vertraglich geschuldeten statischen Daten, die zum Errichten des Bauwerks als realer Zwilling notwendig sind und für einen Betrieb ebenso notwendig sein werden.

②⑧ Das BIM-Modell als Datenträger

Neben statischen Daten können und werden beispielsweise im Gebäudebetrieb dynamische Daten in Form von Echtzeitdaten anfallen.

Die Definition der inzwischen durch DIN ISO/IEC 2382 „Information technology – Vocabulary" abgelösten DIN 44300 „Informationsverarbeitung" lautete im Teil 9 (Verarbeitungsabläufe): „Unter Echtzeit versteht man den Betrieb eines Rechensystems, bei dem Programme zur Verarbeitung anfallender Daten ständig betriebsbereit sind, derart, dass die Verarbeitungsergebnisse innerhalb einer vorgegebenen Zeitspanne verfügbar sind. Die Daten können je nach Anwendungsfall nach einer zeitlich zufälligen Verteilung oder zu vorherbestimmten Zeitpunkten anfallen."

Um es in einfachen Worten auszudrücken: Echtzeitdaten sind Daten, welche es vor fünf Minuten noch nicht gab und welche in den nächsten fünf Minuten wieder irrelevant sein werden.

Ein Laborabzug als Teil einer Laboreinrichtung wird heutzutage mit einer Vielzahl an intelligenten Sensoren ausgestattet, um diese für eine Echtzeitdatenerfassung einzusetzen. So werden beispielsweise Volumenstrom, Frontschieberposition, Rauch- und Gasentwicklung, Temperatur oder Bewegungen vor einem Abzug gemessen. Intelligent sind die Sensoren deshalb, weil sie neben der eigentlichen Sensoreinheit einen Mikroprozessor zur Datenverarbeitung und eine Kommunikationseinheit zur Datenweitergabe besitzen.

Am äußersten Rand des im Bauwerk vorliegenden, technischen Informationsnetzwerks („Edge") verarbeiten diese Sensoren dezentral die erfassten Daten an Ort und Stelle, ohne diese vorher zur Verarbeitung an einen zentralen Server senden zu müssen. Der Mikroprozessor kann wiederum auf Basis der gemessenen Rohdaten die verbundenen Aktoren ansteuern und somit entsprechend programmierte Wenn-Dann-Aktionen einleiten. Dieser technische Prozess der Datenverarbeitung in der dezentralen Netzwerkperipherie wird als Edge Computing bezeichnet. Diese IoT-Technologie verhindert, dass beispielsweise das konventionelle Computing aufgrund der Datenmenge und geringer Latenzzeit kollabiert. Echtzeitdaten können demzufolge durch IoT-Anwendungen mit statischen Daten in einem BIM-Modell kombiniert und integriert werden (Integrated Data). Letztlich kann ein solches Modell auch als „visualisierter Datencontainer" verstanden werden.

KI-BIM!

Was das Modell für den BIM-Prozess ist, sind Daten für eine KI. Doch wie kann Künstliche Intelligenz den modellbasierten Lebenszyklus von Laboreinrichtungen (Plan-Build-Operate-Decommission (PBOD) Lifecycle) mit Mehrwerten anreichern?

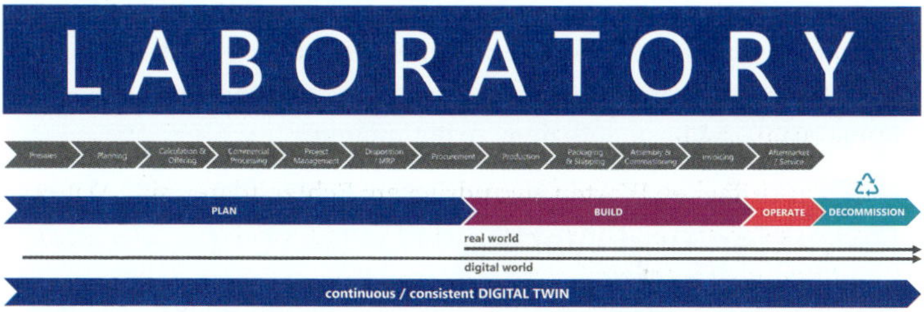

②⑨ Der Plan-Build-Operate-Decommission-Lifecycle eines Laborherstellers

In unserer westlichen Kultur sind wir es gewohnt, von links nach rechts zu schreiben und zu lesen. So denken und verstehen wir den oben illustrierten Lebenszyklus in dessen Abfolge analog. Erst Planen, dann Bauen und schließlich Betreiben. Logisch! Und irgendwann wird rückgebaut. Wirkliche Mehrwerte kommen jedoch erst dann zutage, wenn man mit einer KI den Lebenszyklus faktenbasiert von hinten nach vorne denkt:

Können wir den künftigen Rückbauaufwand schon in der Gegenwart steuern? Wie können wir Betrieb und Wartung der Anlage optimal lenken, indem wir zuvor nachhaltig produziert und gebaut haben? Und wie müssten wir folglich Planen und Simulieren, um das eben Erwähnte eintreten lassen zu können? „DOBP-Lifecycle?“ – ein Versuch!

Abbruch und Rückbau

Unkontrolliert Einreißen, Demontieren, Fräsen, Zerschlagen, Abtragen, Stemmen. Rückbauen klingt reflektierter, weniger schweißtreibend und minimal brutal. Damit Laboreinrichtungen kontrollierter rückgebaut und somit Aufwände und Kosten reduziert werden können, wird KI hier bei einer Demontage- und Recyclingplanung unterstützen, bevor man überhaupt produziert. So wie Algorithmen Montagereihenfolgen verbessern können, so können sie dies auch vorab für das Auseinanderbauen beim Rückbauvorgang tun.

Anhand des BIM-Modells können entsprechende KI-optimierte Demontage-Sequenzen mit den jeweiligen Bauteilen verknüpft werden. In diesem Zuge ergibt es zusätzlich Sinn, die jeweiligen Baugruppen beispielsweise nach Wert-, Schad- und Störstoffen zu attribuieren, um die Ablauforganisation auf der Baustelle in puncto Mengen-, Zeit-, Kapazitäts- und Kosteneffizienz zu optimieren.

Betreiben und Warten

Neben einer klassischen Massen- und Mengenermittlung aus dem BIM-Modell für das Facilitymanagement, kann ein as-Built-Modell als visualisierter Echtzeitdatencontainer für die Themen automatisierte Verschleißüberwachung (Predicitve Alterting) sowie intelligente Wartung (Predictive Maintenance) herangezogen werden. Durch die bereits erwähnte Sensorik werden zum Beispiel anfallende Echtzeitdaten eines Laborabzugs durch Algorithmen ausgewertet. Im Falle von Anomalien, welche zu Störungen oder Ausfällen führen, könnte Künstliche Intelligenz diese verhindern oder verzögern, indem sie entsprechend gegensteuert.

Des Weiteren könnten nötige Wartungstermine durch eine KI anhand der Betriebsdaten prognostiziert, definiert und als Vorgang im BIM-Modell hinterlegt werden. Der Kundenservice des Laborherstellers wird entsprechend automatisiert informiert. Auch das Nutzerverhalten und die Gewohnheiten eines Laboranten im Umgang mit einem Laborabzug, können von einer KI für umweltfreundliche Anwendungsszenarien herangezogen werden. Diese Parameter müssen aber bereits im Planungsprozess von Laboreinrichtungen miteinbezogen werden.

Produzieren und Bauen

Dynamic Manufacturing ist hier ein Buzzword, unter welchem eine Produktion verstanden werden kann, die sich an die aktuelle Auftragslage anpasst. Möglich ist dies durch ein permanentes KI-basiertes Auswerten von Echtzeitdaten, die neben verwendetem Enterprise-Ressource-Planning-System (ERP) und Manufacturing Execution System (MES) dynamisch im Digitalen Zwilling hinterlegt sind. Optimierungspotenziale durch Vermeidung von Wartezeiten und Erhöhen der Maschinenauslastung können hier durch KI generiert werden, indem (via IoT) miteinander vernetzte Produktionsmaschinen besser aufeinander abgestimmt werden.

Im Rahmen der Montage von Laboreinrichtungen vor Ort kann ein turnusmäßiger Soll-Ist-Vergleich unter Einbezug von BIM und KI Qualitätssteigerungen mit sich bringen. Auf der einen Seite hat der Laborhersteller sein „as-Planned-Modell", mit welchem nach „model freeze" und Montagefreigabe der letzte Stand der modellbasierten Werk- und Montageplanung vorliegt. Auf der anderen Seite generiert er sich in regelmäßigen Abständen (wöchentlich) temporäre „as-Built-Modelle" anhand von Punktewolken, welche bei Baustellenbegehungen mithilfe von Laserscanning entstehen. Beide Modelle werden daraufhin miteinander verglichen. An der Stelle unterstützt Künstliche Intelligenz unter anderem mit Bilderkennungs-Algorithmen und deckt neben dem eigentlichen Ist-Stand auch Abweichungen auf. Letztlich kann ein Laborhersteller somit die Qualität seiner Montageprozesse kontrollieren und im Fehlerfall optimieren.

Planen und Simulieren

Sofern kein separater Laborplaner in einem Projekt involviert ist, findet der Laborhersteller im Vor- und Entwurfsprozess einen leeren Raum vor. Dies kann ein Bestandsraum, ein Neubau-Raum im Fachmodell des Architekten in den Leistungsphasen 1 bis 5 oder gar ein Kunde sein, der erst den Inhalt (Labor) und dann die Hülle (Architektur) geplant wissen möchte. Nachhaltige und smarte Laborkonzepte werden in allen Fällen gewünscht.

Nachdem in agilen Design-Thinking-Workshops gemeinsam Kundenbedürfnisse ermittelt wurden, können diese als Parameter mit möglichen Abhängigkeiten für einen Algorithmus im Rahmen eines weiteren Prototypings festgehalten und verwendet werden. Das betrifft beispielsweise Raumgröße versus benötigte Laborarbeitsplätze, angedachte Labornutzung versus kurze Laufwege, viel Belichtung versus wenig Beleuchtung, verfügbares Budget versus tatsächliche Kosten und so weiter.

Die unter „Abbruch und Rückbau“ identifizierten Aspekte bezüglich Nachhaltigkeit für eine (prozess-)optimierte Demontage sollten hier ebenfalls unbedingt einfließen.

Unter Einbezug einer modellbasierten Produktbibliothek des Laborherstellers (Produktstruktur) können dem Kunden unter Verwendung von Generative Design-Algorithmen sowie auf Basis der eingangs definierten Kundenparameter, in kürzester Zeit eine Vielzahl automatisch generierter Grundrissvorschläge vorgelegt werden. Hinzu kommt, dass der modellbasierte Objektkatalog des Laboreinrichters parametrisch samt Beziehungswissen aufgebaut ist.

Dies bedeutet, dass 3D-Objekte nicht nur alle technisch möglichen Produktvarianten geometrisch innehaben, sondern auch wissen, ob sie in der angedachten Ausprägung mit anderen Laboreinrichtungen kombinierbar, kompatibel und letztlich herstellbar sind. Dieses Wissen kann von einer KI „angezapft“ und bei der Grundrissgestaltung folgerichtig beachtet werden. Empfehlenswert an der Stelle ist, Parametrik und Beziehungswissen beim Hersteller zu lassen und dem Kunden nur die ausgeprägte Variante zur Verfügung zu stellen.

30 Intelligente Objekte einer Produktstruktur

Schließlich enthält dieser „KI-kredenzte" Variantenpool im Idealfall ergänzende Informationen zu Produktions-, Liefer- und Montagezeiten (4D) sowie damit verbundene Gesamtkosten (5D). Diese Merkmale beeinflussen maßgeblich die Auswahl der jeweiligen Grundrissvariante durch den Kunden auf Basis seines Budgets. Um den Besteller in diesem Varianten- und Findungsprozess räumlich besser abzuholen, bietet es sich an, den weiteren Bemusterungsvorgang bezüglich der Auswahl von Farben und Materialien ergänzend in die Virtuelle Realität (VR) zu verlagern. Hier können beispielsweise Laboreinrichtungen aufgrund programmierter Kinematik vorab digital benutzt werden.

Da jeder Auftraggeber unterschiedliche Anforderungen und Bedürfnisse hat, sollte man eine KI für künftige Entwurfsprozesse insofern trainieren, als dass sie die erlernten „Kundenprofile" in Folgeprojekten automatisch anwendet. Bei Bedarf werden neue Parameter mit aufgenommen. So muss der Mensch nicht immer von vorne anfangen.

Hat sich die Kundschaft für eine Variante entschieden, können im Rahmen der weiteren internen Projektierung des Laborherstellers KI-basierte Produktions- und Montagereihenfolgen mit dem Digitalen Zwilling verknüpft werden. Es wird im Modell eine bedarfs- und produktionssynchrone Bauanleitung sowohl für die Fertigungslinie im Werk als auch vor Ort auf der Baustelle „just-in-sequence" oder „just-in-time" hinterlegt.

Als Zwischenfazit kann festgehalten werden: Die eben von rechts nach links gedachten Etappen „Abbruch und Rückbau", „Betreiben und Warten", „Produzieren und Bauen" haben gezeigt, dass es die Station „Planen und Simulieren" ist, bei welcher eine KI unter Einbezug des BIM-Modells als statischer und dynamischer Datenträger faktenbasierte Mehrwerte für künftige Prozesse schaffen kann.

Beziehungswissen und Datenverluste

Mit Bauwerksdaten angereicherte BIM-Modelle liegen als „visualisierte Datengefäße" – Stand heute – meistens als offenes IFC-Dateiformat, als nicht-offenes, proprietäres Dateiformat der jeweiligen BIM-Autorensoftware oder in einer proprietären Cloud-Datenbank in Form einer PropTech-Lösung vor.

Es ist davon auszugehen, dass momentan keines dieser Formate ohne Weiteres und direkt von einer KI-Anwendung im Rahmen von Mustererkennung oder Maschinellem Lernen ausgelesen und bewertet werden kann. So, wie man aktuell BIM-Daten händisch oder bestenfalls teilautomatisiert via Datenmapping von Modell zu Modell transportiert, um überhaupt von Durchgängigkeit sprechen zu können, so müssen diese Daten auch „mundgerecht“ für einen Algorithmus aufbereitet werden.

Und wenn Daten mehrmals über entsprechende Softwareschnittstellen hin- und herbewegt werden, desto wahrscheinlicher gehen diese und das damit verbundene Beziehungswissen stellenweise verloren. Würde dies beim internen KI-basierten Planungsprozess im Rahmen einer modellbasierten Werk- und Montageplanung beim Laborhersteller passieren, wäre dies für die weitere Produktion eher ungünstig.

Notwendigkeit von Standards

Um einer KI-Anwendung im BIM-Kontext qualitative und lesbare Daten „füttern“ zu können, bedarf es des Weiteren einheitlicher und verbindlicher Daten- sowie BIM-Standards. Diese müssen von allen Akteuren im Lebenszyklus eines Bauwerks konsequent angewendet werden. Solange in dem Zusammenhang jeder Stakeholder seine eigene Mundart spricht, sind die dadurch entstehenden Datensilos für eine künstliche Intelligenz hinderlich – Datenschutz und Compliance-Richtlinien ausgeklammert.

It’s all about ~~BIM~~ ... ~~Data~~ ... culture!

Wenn BIM und KI miteinander harmonisieren wollen, muss das Hauptaugenmerk auf dem gemeinsamen Gut, den Daten, liegen. Getreu dem Motto „garbage in = garbage out“, muss die Datenqualität stimmen. Algorithmen können ausschließlich so gut sein, wie die Daten, welche ihnen zugrunde liegen. Die Zutaten für „gutes Datenwerk“ sind mitunter Datenpflege, Datenprüfung und Datenvalidierung.

Qualitative Daten sind der Klebstoff zwischen BIM und KI und werden wesentlich über Harmonie oder Dissonanz entscheiden. Möchte man Metall und Kunststoff erfolgreich und dauerhaft miteinander verkleben, darf man sich über Misserfolg nicht wundern, wenn man sich zuvor im Baumarkt oder per Internet irgendeinen Kleber besorgt hat und Verarbeitungshinweise oder Trocknungszeiten missachtet. Letztere Hinweise stehen hier sinnbildlich für die oben erwähnten Daten- und BIM-Standards.

Und am Ende des Tages ist ein Algorithmus nur so schlau, wie dessen programmierter Prozess. Der optimistische Pionier, der seine Flinte nach der Hype-Cycle-Achterbahnfahrt nicht gleich ins Korn geworfen hat, findet jedoch meistens einen produktiven Weg!

Und wer gewinnt jetzt eigentlich den BIM-Rush?

Es werden sehr wahrscheinlich jene Unternehmen sein, die sich ernsthaft mit dem Thema „Wertschöpfung mit Daten“ beschäftigen und lernen, wie sie aus den ihnen vorliegenden Metadaten Informationen und daraus wiederum Wissen generieren können.

③① Thema Datenkultur

Bevor dieser Prozess ansatzweise denkbar ist, bedarf es in den Unternehmen einer bewussten Kultur, auf Basis von Daten

a) Entscheidungen zu treffen und
b) Prozesse, Produkte sowie die eigenen Geschäftsmodelle

zu optimieren. Diese notwendige „Datenkultur" kann nur entstehen und bestehen, wenn sie vom Management proaktiv vorgelebt wird! Das bloße „Haben" einer Datenstrategie kombiniert mit einer Handvoll Experten ist nicht ausreichend. Zu einer Datenkultur innerhalb einer Organisation gehören unter anderem das ganzheitliche Managen von Daten samt Richtlinien (Data Governance), das Verwalten von Zugriffsrechten (need-to-know-Prinzip), das Aufbauen von einheitlichen und unternehmensweiten Datenkompetenzen (Data Literacy) und ein datengetriebenes Kommunizieren mit Visualisieren der Datenanalysen und deren Ergebnissen.

Das Zitat des US-amerikanischen Ökonoms, Peter Ferdinand Drucker, trifft hier den Nagel abschließend auf den Kopf und gilt im Übrigen auch für das Thema „BIM-Kultur":

„Culture eats strategy for breakfast" ...

... and disruption for lunch.

5.7

Digitale Lösungen mit KI im Gebäudebetrieb

CHRISTIAN ZIEGLER UND CHRISTOF LEISS

Ausgangslage

Die Digitalisierung herkömmlicher Prozesse und eine damit verbundene Effizienzsteigerung sind wesentliche Ziele der Transformation hin zu neuen digitalen Geschäftsmodellen in Unternehmen. Dies war Ausgangspunkt für einen Dialog von Wissenschaft und Unternehmenspraxis mit zwei aufeinander aufbauenden Masterarbeiten in den Jahren 2019/1920 mit den Titeln „Analyse und Optimierung von Planungsprozessen der Technischen Gebäudeausrüstung anhand von BIM" und „Potentiale KI-gestützter Planungssysteme zur Optimierung der Gebäudeparameter – am Beispiel der Technischen Gebäudeausrüstung (TGA)".

Das an der Untersuchung beteiligte Unternehmen befand sich zum Zeitpunkt dieser Masterarbeiten in der Entscheidungsfindung und der Generierung von Erkenntnissen für die weitere Vorgehensweise. Anhand eines wissenschaftlich erarbeiteten Fragebogens wurden bei der zuletzt genannten Masterarbeit Potenziale von KI in der TGA in den Lebenszyklusphasen Planung, Ausführung und Betrieb mit Fachexperten untersucht und praxisnah erörtert.

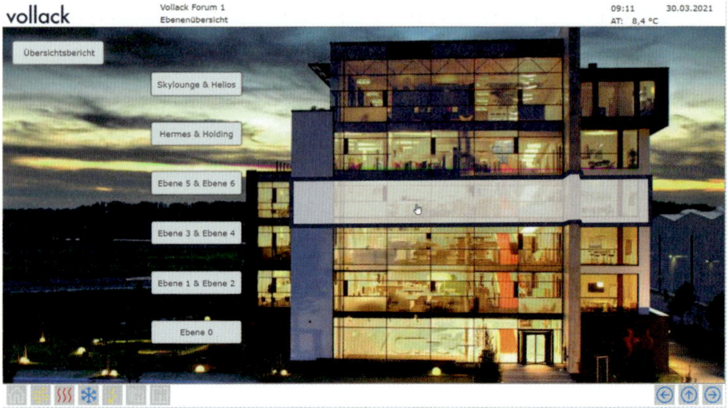

③② Digitale Gebäudeinfrastruktur als Grundlage zur automatisierten Fernbedienung und Datenerfassung

Wirksamster Anwendungsfall in nachhaltigen Gebäuden

Die Basis für die relevanten Anwendungsfälle bildete der globale Megatrend der Nachhaltigkeit und die Agenda 2030 der Vereinten Nationen zum Klimaschutz mit den dort beschriebenen 17 Einzelzielen zu Gesundheit und Wohlergehen, bezahlbarer und sauberer Energie wie auch den Gedanken zu smarten Städten, Quartieren und Gebäuden. Nach übereinstimmender Meinung der Fachexperten wurde dem Anwendungsfall „Steuerung der TGA in der Betriebsphase" die höchste Priorität zuerkannt und damit als vielversprechendster Einstiegspunkt identifiziert.

Dabei beschrieben die Fachexperten, wie KI-Systeme anregend, eingreifend oder steuernd auf die Systeme der TGA einwirken können. Die besonderen Herausforderungen liegen im Zusammenspiel der TGA mit den Bedürfnissen der Gebäudenutzer. Zugleich kann aus der zunehmenden Digitalisierung der Gebäude eine Erhöhung des Nutzwerts und eine Reduzierung der Betriebskosten resultieren. Damit einher geht die Reduktion der Emissionen (CO_2-Footprint) von Gebäuden, welche mit dem neuen Gebäude-Energie-Gesetz (GEG) ausgewiesen sind und derzeit noch moderat besteuert werden.

KI-Grundlagen liegen in der TGA-Planung

Damit KI-Systeme einen wirkungsvollen Nutzen im Verhältnis zu Aufwand und damit verbundenen Kosten generieren können, ist zunächst für den Gebäudebetrieb eine in sich automatisierte und kompatible Soft- und Hardware zu planen und errichten. Dabei sind die Anforderungen und Erfahrungen des Gebäudebetriebes über das Facility Management mit einzubinden wie auch maßgebend. Zerlegt man den 30- bis 50-jährigen Lebenszyklus einer Immobilie in seine Phasen, so entfällt der bei weitem größte Anteil auf die Betriebsphase.

Die Grundlagen für einen optimalen Betrieb werden in den vorgeschalteten Planungs- und Ausführungsphasen geschaffen. Mitentscheidend für den Erfolg ist die Zusammenarbeit aller Planungs- und Baubeteiligten über alle Leistungsphasen (Lph) hinweg. Allerdings treten bei den Übergängen von Planung (Lph 2 bis 5) und Vergabe (Lph 6 und 7) zur Ausführung (Lph 8) und insbesondere mit Fertigstellung und Übergabe des Gebäudes oftmals schwerwiegende technische Wissensverluste und Medienbrüche zu Lasten des Gebäudebetriebes (Lph 9) auf. Auch die hochgradige Spezialisierung der Beteiligten auf einzelne Gewerke verhindern oftmals die Möglichkeit gewerkeübergreifende, integrale Ansätze konsequent umzusetzen.

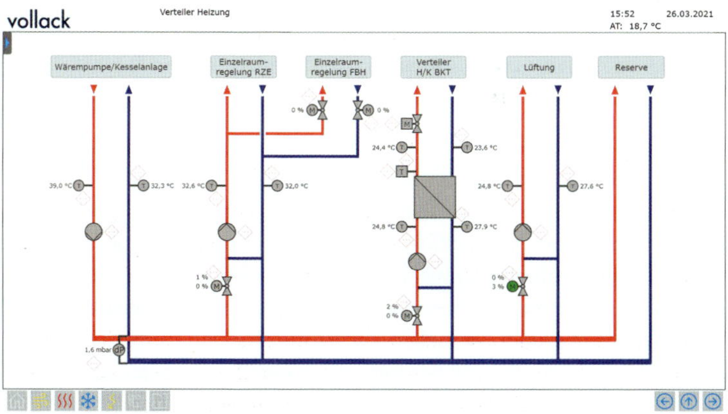

③③ Beispielhafte Visualisierung eines Heizungsverteilers auf der Ebene der Gebäudeautomation

Smart Buildings zwischen Anspruch und Realität

Seit einigen Jahren wird der Begriff der Smart Buildings oder Hochleistungsgebäude geprägt. Diese stehen für Immobilien, die sich durch ein bestmögliches Zusammenspiel von Nutzung, Architektur und technologisch-energetischen Aspekten auszeichnen. Ein umfassend integraler Ansatz beginnend mit einer belastbaren Bedarfsplanung nach DIN und AHO unter Berücksichtigung der Projektziele für die wertschöpfende Betriebsphase des Gebäudes. Vermeintlich kleine Entscheidungen in der Konzeption, wie zum Beispiel die Reduktion des Fensteranteils in bestimmten Räumen, sorgen oftmals für ein effizienteres Gebäude, als viele Kilometer Kabel zu verlegen und hunderte Zeilen Codes zu programmieren.

Der optimale Betrieb eines Gebäudes durch Nutzung aller technisch sinnvollen und möglichen Funktionen steht immer einem Aufwand in Planung, Ausführung und Inbetriebnahme gegenüber. Dazu zählt auch die Klärung einer einheitlichen Kommunikation, Auswertung und Steuerung der technischen Geräte und Anlagen im Gebäudebetrieb.

Beispielhaft für die Ernüchterung beim Betreiber sei die KNX-gesteuerte Jalousieanlage angeführt, welche in den ersten Sommertagen nach Einzug ins neue Gebäude in Unkenntnis des thermischen Energiebedarfs den solaren Wärmeeintrag ins Gebäude ungehindert zulässt und die BACnet-gesteuerte Kältemaschine zu energetischen Höchstleistungen veranlasst.

Das Wort „smart“ steht weniger für die Reduktion von technisch notwendigen Komponenten als viel mehr für deren intelligente Verknüpfung für den wirtschaftlichsten Betrieb. So ist auch allgemein bekannt, dass vermeintlich höhere Investitionskosten mit der Gebäudeerstellung über die Nutzungsdauer mehr als amortisiert werden und signifikante Einsparungen erzielen können. Die technologischen Entwicklungen in modernen Gebäuden erfordern einen zunehmenden Bedarf an Fachpersonal in der Betriebsphase. Diese Entwicklung zeigt sich auch in der seit Jahren wachsenden Branche der Facility Services. 2019 zählte der Teilbereich Gebäudetechnik bereits mehr als 260.000 sozialversicherungspflichtig Beschäftigte.

Potenziale von KI im Gebäudebetrieb

Innerhalb des Gebäudebetriebs gibt es zahlreiche Einsatzmöglichkeiten von KI. Dabei wäre es vermessen zu behaupten, dass diese umfassend heute schon technisch möglich wären. Aus eigenen Erfahrungen ist es ratsam mit einzelnen überschaubaren Anwendungen zu beginnen, um die Grundlage für die weitere Implementierung der Methodik zu schaffen.

In einem ersten Feldversuch wurde die optimierte Verteilung bzw. Einbringung thermischer Energie untersucht. Das realisierte Referenzobjekt verfügt über zehn Abgänge an einem Heizungsverteiler die unterschiedliche Übertragungssysteme bedienen: Vier Lüftungsanlagen, je zwei Zonen einer Betonkernaktivierung und Bodenkonvektoren sowie zwei Heizkreise einer innovativen Dachflächenaktivierung. Jeder Heizkreis verfügt dabei über eine eigene Pumpe sowie einen Mischer zur individuellen Wahl der Vorlauftemperatur (Bild 34).

In der Frage nach der optimalen Einstellung des Gesamtsystems mit allen zehn Heizkreisen ergaben sich unter Einbeziehung aller relevanten Rahmenbedingungen wie Außentemperatur, Innentemperatur, elektrischem Energieeinsatz je System und Vorlaufniveau mehrere hundert Trillionen Kombinationsmöglichkeiten in der Pumpenansteuerung von 0 % (zu) bis 100 % (auf) bei einer Schrittweite von 1 %. Ferner waren Behaglichkeitskriterien der Nutzer sowie eine Wettervorhersage zu berücksichtigen, welche Antworten bei den verantwortlichen Fachplanern und ausführenden Firmen zusätzlich erschwert hatten.

Derartige Aufgaben- und Fragestellungen im Zuge eng bemessener Inbetriebnahme- und Einregulierungsphasen zu erörtern, ist wirtschaftlich nicht leistbar. Daher werden oftmals individuelle Erfahrungswerte herangezogen, welche sich an Vorgaben der Gerätehersteller oder anderen einschlägigen Regelwerken sowie Lasten- und Pflichtenheften orientieren. Dabei spiegeln diese Voreinstellungen nicht immer das Verhalten des tatsächlichen Gebäudes und somit oftmals auch nicht das Behaglichkeitsempfinden der Nutzer wider. Durch individuelle Programmierung und wechselnde Systeme ist die nachträgliche Optimierung überdies oftmals nur sehr schwer realisierbar.

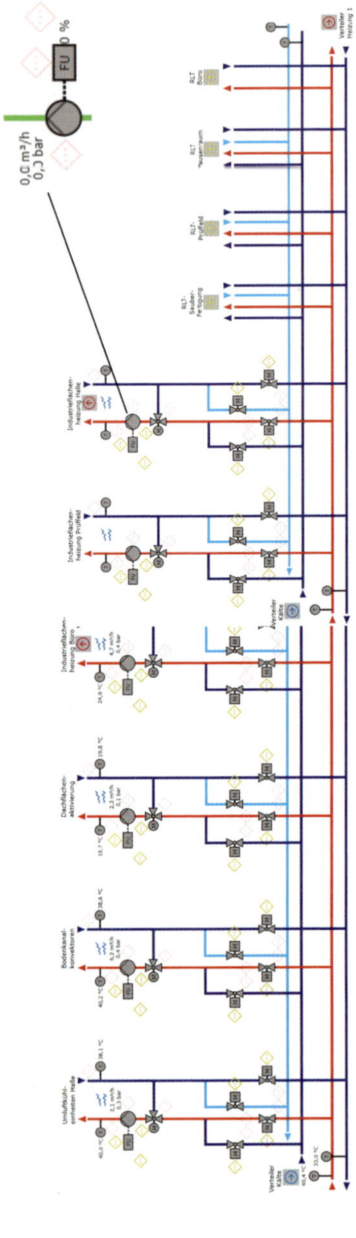

③④ Visuelle Darstellung eines Heizkreisverteiler mit zehn Abgängen sowie den dazugehörigen Pumpen und Ansteuerungen mittels Frequenzumrichter (FU) im Arbeitsbereich von 0 % (zu) bis 100 % (offen).

Ein KI-System könnte die geplanten Datenpunkte und Werte mit den Realwerten vergleichen und durch Regeln auf deren Richtigkeit überprüfen. Das System muss so trainiert werden, dass die Inbetriebnahme und Einregulierung eine hohe Genauigkeit erzielt und sich die KI an die Gegebenheiten der Systemarchitektur bzw. die hydraulische Anlage anpassen kann oder eine Transferleistung durch manuelle Anpassungen möglich ist.

In dem oben beschriebenen Fall würde es sich bei den zehn Verteilerkreisen mit gegenseitiger Beeinflussung um mehrere Millionen Varianten handeln, welche als relevant einzustufen sind. Dies bestätigen auch die derzeitigen Probleme und Schwierigkeiten der TGA-Gewerke in Gebäuden sowie die spürbare Kluft zwischen Planung, Ausführung und Betrieb.

TGA-Daten in Echtzeit

Bereits heute liefern technische Anlagen und Maschinen mit den in Gebäuden je nach Anzahl verbauten Sensoren und Aktoren in Echtzeit tausende relevante Einzeldaten. So stellt schon eine moderne Umwälzpumpe zwischen 50 und 80 Daten bereit, die via BACnet übergeordnet gespeichert, verarbeitet und analysiert werden können. Je nach Schrittweite der Wertänderung fallen hier mitunter tausende Datenpakete pro Minute an.

Daraus können neue Geschäftsfelder für Betreiber, Fachplaner und Gerätehersteller entstehen. Durch die Auswertung der gewonnenen Daten profitieren alle, da faktenbasiert technische Anlagen und deren Funktionen geplant, ausgeführt und betrieben werden können. Mit dem Blick auf Mehrwerte würde eine solche KI-basierte TGA-Planung auch HOAI-Leistungsbilder und Honorare verändern.

Neben all den erdenklichen Vorteilen ist es in der Gewichtung bereits heute schon schwierig, der Gebäudeautomation Vorrang zu allen anderen bau- und haustechnischen Gewerken zu geben. Sicherlich ist der Weg dorthin noch lang und mitnichten umfassend geklärt. Tatsache ist jedoch, dass die Gebäudeautomation die Schnittstelle aller TGA-Gewerke bildet und die generierten Daten für KI-Anwendungen bereitstellen wird.

In Zukunft sollten relevante Entscheidungen faktenbasiert gefällt werden. Hier werden KI-Systeme bei richtiger Anwendung helfen. Grundlage hierfür sind integrierte Systeme mit normierten Protokollen. Die konsequente Anwendung der VDI 3814 „Gebäudeautomation" mit dem Blatt 4.1 „Methoden und Arbeitsmittel für Planung, Ausführung und Übergabe – Kennzeichnung, Adressierung und Listen" mit einem global einheitlichen Kennzeichnungssystem bereitet den Weg für die automatisierte Analyse und Zuweisung der Daten anhand ihrer semantischen Beziehungen vor. Das sogenannte Benutzeradressierungssystem (BAS) bildet das digitale Rückgrat und ist in jeder Leistungsphase anzuwenden. So beginnt die korrekte Bezeichnung der Datenpunkte schon in der Planung beim Rohrleitungs- und Instrumentenfließschema (R&I-Fließschema). Große Anlagenteile wie Lüftungsanlagen und Wärmepumpen werden bereits korrekt parametriert angeliefert und sind so leicht mit zuvor definierten Makros in Betrieb zu nehmen. Auch die Dokumentation ist maschinenlesbar optimiert anzulegen.

Strukturiertes Datenmanagement

Um erste, wie zuvor beschriebene KI-Anwendungen zu generieren, bedarf es zunächst qualitativ aussagekräftigen Daten. Obwohl unzählige Informationen bereits heute schon live erfasst werden, sind diese jedoch nicht direkt nutzbar. Eine Strukturierung der Daten und die Bereitstellung für KI-Anwendungen sind Voraussetzung für einen Einsatz der Technologie.

Daten müssen für das KI-System in das nötige Format „übersetzt" werden. Bestehende Daten können je nach Qualität für KI-Anwendungen aufbereitet und zur Verfügung gestellt werden. Schon eine kleine Menge an Daten kann Zusammenhänge aufzeigen. Es zeigt sich jedoch, dass die KI intelligenter und genauer wird, je größer der Trainingsdatensatz ist. Wie beim Menschen kann auch eine KI komplexere Zusammenhänge entdecken, je mehr Erfahrungen vorliegen.

Bevor eine KI zum Einsatz kommen kann, ist es notwendig, dass das Gebäude hardwareseitig auf einen Standard gesetzt wird, auf Basis der vorhandenen TGA-Normierung automatisiert ist und die Daten ohne Verluste übermittelt und gesichert werden. Dazu zählt auch das Vorhandensein einer gebäudeübergreifenden Fernwartungs-Funktionsebene in der Cloud.

Die Daten und Informationen werden über die Gebäudeautomation in einer cloudbasierten Datenbank datenschutzkonform strukturiert, ausgelesen und abgespeichert. KI-Algorithmen greifen auf die dort erfassten Daten entsprechend den festgelegten Anwendungen zu. Dieser Massenspeicher steht darüber hinaus auch weiteren Modulen oder Systemen zur Verfügung.

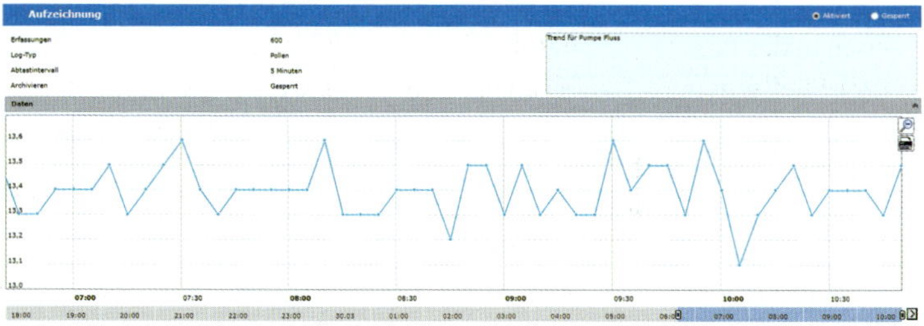

③⑤ Daten in Echtzeit: Durchfluss einer Umwälzpumpe in Kubikmeter pro Zeiteinheit als Trendkurve

Auf dem Weg zu ersten KI-Anwendungen

So können beispielsweise Zeitreihen von Verbräuchen dazu dienen, Prognosen zu erzeugen, die mit Zunahme der Daten genauere Ergebnisse erzielen. KI soll weiter bei präventiven Wartungen (Predictive Maintenance) helfen und so Ausfälle von Anlagen und Maschinen reduzieren. Damit wird folglich dem Nutzer und Betreiber ein Mehrwert geboten. Die erfassten Zeitreihen bilden die Trainingsdaten für das System. Dieses lernt die Zusammenhänge und Eigenheiten der betrachteten Anlagen und Maschinen und wird dadurch befähigt Prognosen zu erzielen. Das trainierte System wird getestet und bei ausreichender Genauigkeit für die Erzeugung von Prognosen genutzt.

Hemmnisse und Standardisierung

Betrachtet man aktuell Gebäude mit deren technischer Gebäudeausstattung finden sich Merkmale, die miteinander vergleichbar sind. Beim Einbeziehen der Programmierung der Gebäudeautomation wird schnell deutlich, wie unterschiedlich Gebäude tatsächlich sein können. Oft wird eine mögliche Standardisierung in der vorhandenen Normierung nicht angewandt und ausgeführt. Dies hat zur Folge, dass kaum ein Gebäude dem anderen gleicht.

Würde ein solcher Standard konsequent umgesetzt, könnte uns KI und deren Algorithmen zur Analyse, Optimierung und Verbesserung im Betrieb bereits heute viel umfänglicher unterstützen. Dies entspricht auch den zu Anfang beschriebenen Meinungen der Fachexperten. Damit wäre es nicht nur möglich ein Gebäude zu regeln und zu optimieren, sondern auch ohne größeren Aufwand Softwarekomponenten zentral zu aktualisieren.

Durch das Überbrücken der starren Denkweise in Phasen, dem Schulterschluss zwischen Planung, Ausführung und Betrieb lässt sich im Ergebnis für alle Beteiligten ein Mehrwert erzielen. Insbesondere auf der Softwareebene werden Planung und Betrieb zunehmend verschmelzen beziehungsweise sich die Wissensverluste reduzieren.

„as-Built"-Modelle werden um technische Attribute ergänzt und bilden das datenbankbasierte Grundmodell. Diese Modelle werden durch die Anbindung an reale Sensorik und Aktorik zum Digitalen Zwilling.

Nächste Schritte und Ausblick

Ähnlich wie bei BIM werden auch im Bereich der Gebäudeautomation zunehmend offene Standards eingesetzt. Wo heute noch teils aufwändige Integration aller erdenklichen Informationen, Bussysteme in übergeordnete Management- und Bedieneinrichtungen zu bewerkstelligen sind, ist künftig mit integrierten Systemen über API-Schnittstellen zur Informationsweitergabe zu rechnen.

Diese Livedaten ermöglichen es, in Echtzeit agieren zu können, was in der standardisierten Welt der Gebäudeautomation schon greifbar nah erscheint. Wo in der Industrie 4.0 über IoT und MQTT erst allmählich

Standards beginnen zu reifen, kann die Immobilienbranche mit BACnet bereits einen de facto-Standard präsentieren.

Heute noch für den Bauherrn und Nutzer teure Dienstleistungen wie Energiemonitoring, Wartungs- und Störmeldemanagement gehören demnächst zu den ersten preiswerten Produkten von plattformbasierten Systemen. Eine zuweilen negativ behaftete Branche wird transparenter, die Technologie beherrschbarer und offen für neue Geschäftsmodelle. KI im Gebäudebetrieb kann dabei eine wichtige Rolle mit Mehrwerten für Nutzer, Eigentümer und den Klimaschutz spielen.

5.8

Bauwesen 4.0 und KI in Lehre und Ausbildung

BIANCA WEBER-LEWERENZ

Wissen und KI automatisiert Lernprozesse

Wissen ist der größte Rohstoff. Wer eine sichere Zukunft bauen will, braucht Kenntnisse und Fertigkeiten, muss sich vernetzen und einlassen auf das Neue. Damit einhergehend erfordert die Digitalisierung mit den gestellten technologischen und sozialen Herausforderungen zugleich Umdenken und Anpassen der beruflichen Qualifikation.

70 % der offenen KI-Stellen in Unternehmen sind derzeit unbesetzt. Diese hohe Anzahl beschreibt das Dilemma und die Herausforderungen an die Lehre und Ausbildung von morgen. Sind wir bereit für die kommenden technologischen Herausforderungen? In den nächsten Jahren wird der Fachkräftebedarf weiter zunehmen und sich die unternehmerische Personalplanung umstellen. Zugleich wird die digitale Transformation Berufsbilder verändern und neue Stellenprofile kreieren. Universitäten, Hochschulen und Ausbildungsstätten spüren diesen Wandel und beginnen ihre Curricula um die Fächer der Digitalisierung und KI zu erweitern. Dabei automatisiert KI nicht nur Prozesse und Arbeitsschritte. Sie automatisiert Lernprozesse, was den eigentlichen Kern dieser Innovation darstellt.

Die junge Generation, Wirtschaft und Unternehmen stellen hohe Erwartungen an die Lehre und Ausbildung im Umgang und Transfer von Wissen zu diesen zukünftigen Schlüsseltechnologien und bieten konstruktive Lösungsansätze. Bester Indikator bei Jobsuchenden sind Unternehmen, welche bereits heute die digitale Transformation aktiv mitgestalten, Methoden wie BIM anwenden, erste KI-Technologien mitentwickeln, potenzielle Einsatzfelder definieren und daraus resultierend neue Geschäftsmodelle generieren. Gerade hier bieten sich

Chancen und Möglichkeiten für junge Fachkräfte und Ingenieure, erlernte Qualifikationen unter Beweis zu stellen und einen Beitrag zum Erfolg zu leisten.

Neue Schwerpunkte in Lehre und Ausbildung

Die auf Digitalkompetenz, Automatisierung, Robotik, KI und damit verbundenen Nachhaltigkeitsthemen abgestimmten Anforderungs- und Aufgabenprofile schlagen sich unter anderem in zunehmenden Start-up-Gründungen, maßgeschneiderten Fach- und Führungskräftepositionen sowie neuen Stellenausschreibungen nieder. Hinzu kommen neue universitäre Forschungsinitiativen, von Wirtschaft und Unternehmen gesponserte Stiftungsprofessuren und -lehrstühle sowie neu geschaffene Studiengänge.

Angewandte KI und digitale Ethik, digitale Transformation, Digital und Data Science Engineering, automatisierte TGA, Chief Digital Officer, Digital Ethic Boards, digitales Prozessmanagement von Bauprojekten, lernende Verkehrsinfrastruktur sind einige der neuen Schwerpunkte.

Die betriebliche Weiterbildung mit der Vermittlung hybrider Kompetenzen läuft auf Hochtouren. Der digitale Arbeitsalltag macht eine Anpassung der Lehre und Ausbildung hin zu digitalen Lehrmöglichkeiten und interdisziplinärer Fach- und Denkvernetzung notwendig, und damit eine ganzheitliche Neuausrichtung der vorhandenen Bildungslandschaft, Lehrinhalte und Qualifikationen der Lehrenden.

Fachkräfteausbildung digitalisieren

Um der digitalen Baualltagsrealität eine adäquate Fachkräfteausbildung voranzustellen, sind die Inhalte, Strukturen, Formate und Instrumente des Studiums und der Ausbildung zu modernisieren. Die digitale Ära trägt Diversität, Inklusion und Integration Rechnung. Was längst überfällig ist, muss nun mit erhöhtem Veränderungstempo gepusht werden: Überarbeitung der Lehr- und Ausbildungsordnungen, Ausbildung und Qualifizierung der Lehrenden, Schaffung neuer digitaler Lernmethoden. Innovative, agile Universitäts-, Hochschul- und Ausbildungsstandorte glänzen bei der Wahl von Lehrenden und Lernenden.

In Krisenzeiten – wie der Corona-Pandemie – hat sich zusätzlich gezeigt, wer bei der Bewältigung dieser Aufgaben die Nase vorn hat. Im digitalen Wandel stellen sie die Schlüsselfaktoren für die erfolgreiche Umsetzung am Bau (siehe Abbildung), die nachhaltig in Forschung, Lehre und Ausbildung verankert werden müssen.

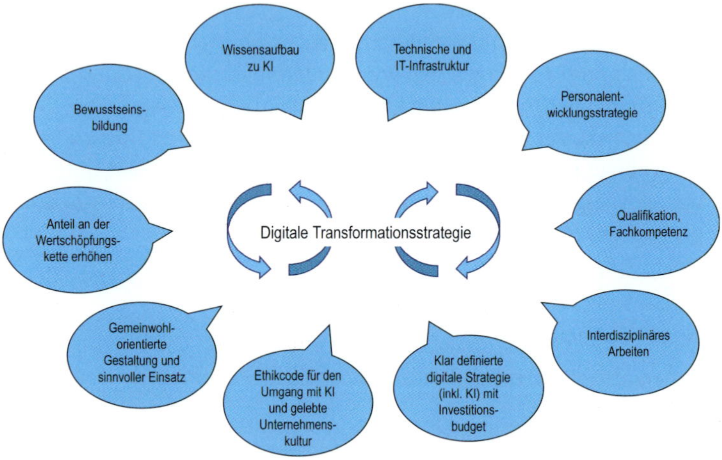

③⑥ Schlüsselfaktoren für die erfolgreiche digitale Transformation

Lehre und Ausbildung legen die Grundlagen

Dabei wird deutlich, dass man von ganzheitlich denkenden Experten und systemintegrierenden Fachkräften spricht. Die Lernkurve ist für alle Beteiligten steil und die Anforderungen im beruflichen Alltag in der Baubranche gleich hoch: Klima- und Umweltschutz, Nachhaltigkeit mit Ressourceneffizienz, den Bauzyklus von Projektidee bis Rückbau und Recycling durchdenken, Realisierung der Budget- und Zeitvorgaben sowie höchste Bau- und Betreiberqualität.

Neue Technologien unterstützen dabei. Lehre und Ausbildung sind verantwortlich, diese leistungsstarken Werkzeuge zu erklären und erste Ansätze einzuüben. Zum sicheren, effizienten Einsatz dieser Technologie und dessen Auswirkungen gehören gezielte Unterweisungen in dieser innovativen Interaktion von Mensch und Technik.

Ethisch moralische Fragestellungen gehen dabei Hand in Hand. Der heutige Experte seines Faches ist gefordert bei Fragen wie: Wie wollen wir Menschen diese Technik gestalten? Welche Erwartungen haben wir an sie, was muss sie tun können und wo soll sie uns unterstützen? Wo entlastet sie menschliche Arbeit und macht diese sicherer? Welche Arbeiten können nur von Menschen ausgeführt werden?

Unternehmenseigene KI-Strategie

Nur Bauexperten sind in der Lage, Hemmnisse und Schwachstellen in Bauprojekten zu lokalisieren, Verbesserungen zu nennen und potenzielle Einsatzfelder für digitale Methoden und KI zu definieren. Die sinnvolle Nutzung dieser Technik mithilfe einer auf das Unternehmen zugeschnittenen KI-Strategie setzt ein gemeinsames Umdenken, Prozess- und Kommunikationsverbesserung, Bewusstseinsbildung mithilfe umfassender Aufklärung und Orientierung durch viel Wissen voraus. Sie bietet für Anwender und Mitarbeiter jederzeit Orientierung und Sicherheit. Digitale Wachstumsstrategien erfordern digitale Kompetenzen. Nur so lassen sich in der digitalen Arbeitswelt 4.0 neue Geschäftsmodelle in der Baubranche völlig neugestalten.

Hand in Hand gemeinsam in die Zukunft

Nach Expertenmeinungen müssen sich die Planungs- und Baubranche mit Bezug auf ihre eigenen Geschäftsmodelle in ihren eigenen Aufgaben- und Stellenprofilen neu definieren. Ein enger Kontakt zu Universitäten und Hochschulen unterstützt den fachlichen Kompetenzaufbau. Im Kommunikations- und Technologieaustausch durch Gastvorlesungen und der Betreuung von Bachelor- und Masterarbeiten von Studenten können so die Fachkräfte von morgen gewonnen werden. Eine weitere Perspektive ist, dass Universitäten und Hochschulen für Studenten attraktiv sein und sich in der Bildungslandschaft innovativ abheben sollen. Der Bau hat an Attraktivität verloren, vielleicht gelingt über neue spannende Technologien eine Wiederbelebung?

In der Zusammenarbeit von jungen und erfahrenen Mitarbeitern liegt eine besondere Chance. So werden bereits heute aufgrund fehlender Fachkräfte Werkstudenten, Praktikanten und Auszubildende auf Baustellen und in Unternehmen aktiv ins Arbeitsleben mit eingebunden und übernehmen sukzessive höhere Aufgaben. Zukünftig kann darüber hinaus die fachliche Kompetenz im beiderseitigen Nutzen noch viel stärker profitieren. Gerade weil viele Experten in digitalen Technologien und KI fehlen, leisten Lehre und Ausbildung einen wesentlichen Beitrag, mithilfe von digitalem Mehrwissen auf die vorhandenen Fertigkeiten aufzubauen und die Nutzung von Innovationstechnologien zu forcieren. Dieser Beitrag stärkt das Bewusstsein zur Schaffung entsprechender Lehr- und Vorlesungsveranstaltungen zu Digitalisierung und KI. Nach Meinung von Hochschulexperten sollte dies nicht nur ein neues Themengebiet in Ergänzung vorhandener Fächer sein, sondern ganzheitlich integriert und fachübergreifend gelehrt werden.

Nach Meinung von Wirtschaftsexperten bedarf es einem generellen unternehmerischen Umdenken und neuer Ansätze im Recruiting und Personalmarketing. Im Sinne einer strategischen Personalplanung sollten Firmen Aufgaben- und Stellenprofile definieren und an Universitäten, Hochschulen und Ausbildungsstätten adressieren. Neue Berufsbilder erfordern die Einbindung neuer fachlicher Kompetenzen.

KI-Made in Germany

Universitäten und Hochschulen sollten sich in der Bildungslandschaft bei der Ausbildung von Architekten und Ingenieuren innovativ abheben. Die Digitalisierung mit BIM und KI ergibt neue Möglichkeiten, welche die seit Jahren mangelnde Attraktivität der gesamten Baubranche wiederbeleben könnte. Ebenso wird der Einsatz neuer Technologien und Fertigungsmethoden wie der dreidimensionale Druck ganzer Bauteile oder sogar Häuser dem mittlerweile spürbaren Fachkräftemangel entgegenwirken können.

Das Bauhandwerk hat einen außerordentlich guten Ruf, den es sicherzustellen gilt. „Deutsche Ingenieurskunst“ und „Deutsches Handwerk“ stehen weltweit für höchste Qualität und Nachhaltigkeit. Die Zeit ist überfällig, dass Angebot und Nachfrage von Wissen im digitalen Zeitalter so beantwortet werden können, dass das Qualitätssiegel „KI-Made in Germany“ seinem Ruf gerecht wird.

Lehre und Ausbildung schulen nicht mehr nur, sondern vernetzen Wissen, gestalten und sind Wegbereiter für den erfolgreichen digitalen Wandel.

6 Fazit und Ausblick

KLAUS TEIZER UND PATRICK KOSKA

BIM und KI sind Teil des weltweiten Megatrends der Digitalisierung

Künstliche Intelligenz (KI) ist ein Sammelbegriff zur Automatisierung menschlicher Intelligenz durch Maschinen. Allerdings ist der Begriff „Intelligenz" bis heute nur schwer zu definieren. Daher wird in Wissenschaft und Unternehmenspraxis mit dem Begriff KI durch den Einsatz digitaler Werkzeuge, Technologien und Algorithmen der Versuch beschrieben, menschliches Verhalten, Lernen und Entscheiden nachzuahmen.

Als Teil des weltweiten Megatrends der Digitalisierung teilt sich der Begriff KI in viele Teilgebiete, Methoden und Anwendungsfälle auf.

Zu diesen Teilgebieten gehören beispielsweise Wissen, Erkennen mit Analyse und Vorhersage, Robotik und künstliches Leben.

Innerhalb der KI gibt es zur Ergebniserreichung vier grundsätzliche Methoden. Hierbei sind zunächst die symbolische und neuronale KI zu nennen. Bei der symbolischen KI steht der der Top-down-Ansatz im Vordergrund, während bei der neuronalen KI die Bottom-up-Perspektive eingenommen wird. Die Simulationsmethode versucht sich an den menschlichen Fähigkeiten durch Wahrnehmen, Verstehen und Handeln zu orientieren. Bei der phänomenologischen Methode zählt nur das ermittelte Ergebnis. Innerhalb der Methoden gibt es verschiedene Technologien, welche sich hauptsächlich mit dem Suchen von Wissen, der Ziel- und Problemformulierung sowie der Ergebnisoptimierung befassen.

③⑦ Auswahl von globalen Megatrends als Lawinen in Zeitlupe in deren Auswirkung ganze Branchen auf den Kopf gestellt werden und welche eine Wirkdauer von mehreren Jahrzehnten haben

In der Baubranche werden bereits zahlreiche KI-Anwendungsfälle diskutiert. In Form von ersten Assistenzsystemen werden Lösungen in Entwurf und Planung, der Verknüpfung von Wissen, Bauprodukten und Dienstleistungen sowie das effiziente Zusammenbringen der fachplanenden Disziplinen mit der Baustelle diskutiert. Wie in den zuvor beschriebenen Beispielen aus Wissenschaft und Unternehmenspraxis erkenntlich, steht ebenso eine Risiko- und Problemanalyse einschließlich deren proaktiver Vermeidung wie auch die Optimierung der haustechnischen Gewerke mit eingesetzten Geräten in der Betriebsphase im Fokus der Entwicklung.

Auf dem Weg zur einer einwandfrei funktionierenden Künstlichen Intelligenz gibt es zahlreiche Entwicklungsstufen und Untergruppen wie beispielsweise maschinelles Lernen. Unabhängig von den Methoden und Technologien spielen jedoch die dafür zur Verfügung stehenden Daten in ihrer Quantität und Qualität eine entscheidende Rolle.

Nachholbedarf in Aus- und Weiterbildung

Da vieles für die Beteiligten noch nicht klar und greifbar ist, kommt zukünftig den Hochschulen, Universitäten und Ausbildungszentren eine besondere Bedeutung zu. Ähnlich wie bei BIM wird mit den ersten vorzeigbaren Erfolgen ein Veränderungs- bzw. Anpassungsprozess in der Lehre und Ausbildung stattfinden.

Fehlendes Wissen, die Diskrepanz zwischen Anspruch und Wirklichkeit, wenige konkrete Anwendungsfälle im „Pilotprojekt"-Modus wie auch die Boomzeit der vergangenen zehn Jahre in der Baubranche prägen derzeit noch das Bild vom Schlagwort „KI".

Ungeachtet der fachlichen Beurteilung durch Führungskräfte und Entscheidungsträger ist es wichtig, das Thema KI auf die Tagesordnung zu setzen. Um ein praktikableres Verständnis und der sich daraus ergebenden Chancen zu KI zu erlangen, kommen der Wissenschaft und Forschung im Sparring mit Unternehmen hier eine besondere Bedeutung zu.

In diesem Dialog ist es besonders wichtig eine verständliche Sprach- und Austauschebene herzustellen, ohne sich dabei in notwendigen IT-technischen Details zu verlieren. Das Bewusstsein für die Wichtigkeit von KI kann nur gebildet werden, wenn Mehrwert, Nutzen, Potenziale, Risiken und Wertschöpfung anschaulich in Bezug gesetzt werden.

Den sozial-gesellschaftlichen Wandel aktiv gestalten

Eine neu funktionierende Technologie bringt gleichermaßen Mehrwerte für Unternehmen und Mitarbeiter. Gerade im Bauwesen mit seinem Unikatsdenken, demgemäß jedes Gebäude ein (kreatives) Werk für sich darstellt, liegen enorme Potenziale in der Anwendung digitaler Werkzeuge.

Viele Bereiche in der Baubranche werden derzeit digitalisiert. Als stellvertretendes Beispiel sei hier die digitale Rechnungsprüfung angeführt. In Verknüpfung mit einem Projektraum wird der ordinäre Rechnungsprozess signifikant beschleunigt und Wissen per Mausklick mit allen Beteiligten digital geteilt. In der Nachbetrachtung deckt die bis dato praktizierte herkömmliche Vorgehensweise neben Verschwendung auch vermeidbare Mehrfacharbeit der Beteiligten auf.

Die Ängste der kaufmännischen Mitarbeiter über Arbeitsplatzverlust durch die Digitalisierung sind in diesem Beispiel konkret und ernst zu nehmen. Wie zu Anfang dieser Publikation ausgeführt, standen Arbeitgeber und Arbeitnehmer rückblickend auf die Geschichte in solchen Zeitenwenden schon mehrfach vor ähnlichen grundlegenden Veränderungen.

Der technische Fortschritt ist nicht aufzuhalten. Am Beispiel von BIM kann gezeigt werden, wie sich die Berufsbilder und Rollen schleichend mit verändern. Auch hier kündigt sich die Digitalisierung der Planung und Ausführung seit Jahrzehnten an.

Um-, Aus- und Weiterbildungen sind in gemeinsamer Mitwirkung von Gesellschaft, Unternehmen und Mitarbeitern das Mittel zum Zweck auf der Suche nach dem „Maschinisten" von morgen. Zumal die Demographie und der sich daraus resultierende Fachkräftemangel zukünftig weiter verstärken werden. Hier bieten die Digitalisierung und KI-Lösungen die Chance, die Dichotomie von Arbeiten und Nicht-Arbeiten als Win-Win zu gestalten. Mit dem Wegfall von langen Anfahrten und Reisetätigkeiten profitieren heute schon sowohl der Arbeitgeber als auch die Umwelt und der Arbeitnehmer.

Mit der Digitalisierung erfolgt ein Wandel weg vom klassischen hin zu einem zukunftsweisenden, flexibleren Arbeiten. Hierbei sind die Unternehmenskultur und -werte sowie das Vertrauen einer entsprechenden Führungspraxis maßgeblich mitentscheidend. Dabei bedarf die digitale Transformation mit BIM hin zu Algorithmen und KI eines grundsätzlichen Dialogs und des Commitments von Gesellschaft, Unternehmen und Mitarbeitern.

Auch die bereits stattfindende Diskussion, ob KI die menschliche Kreativität beeinflusst oder sogar irgendwann ersetzt, wird in den nächsten Jahren zu interessanten Dialogen und neuen Erkenntnissen führen.

KI auf die Tagesordnung setzen

Für die notwendige Anpassung und Erneuerung der derzeitigen Geschäftsmodelle ist es wichtig, sich mit Digitalisierung, BIM und KI zu beschäftigen. In vielen Teilen der Welt ist eine sehr dynamische und zukunftsorientierte Herangehensweise in der Entwicklung und Implementierung zu diesen Themenfedern zu beobachten.

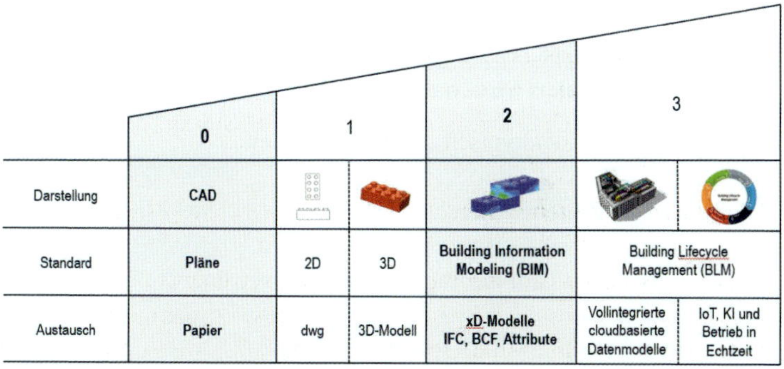

③⑧ BIM-Reifegrade (BIM-Level) auf dem Weg zum Building Lifecycle Management mittels vollintegrierten, cloudbasierten Datenmodellen sowie dem Betrieb in Echtzeit durch IoT und KI

Im Wissen, dass Daten goldwert sind, sollten wir uns gemeinsam dieser Tatsache bewusst werden und die Grundlagen hierfür schaffen. Wir sollten uns mit den Methoden, Technologien und ersten KI-Anwendungsfällen intensiv auseinandersetzen. Universitäten und Hochschulen bieten hier vielfältige Grundlagen und Möglichkeiten zum engen Austausch von Wissenschaft und Unternehmenspraxis.

Beginnend mit einem überschaubaren Aufwand kann die Anteilserhöhung der Wertschöpfung beginnen. Ein hybrides Vorgehen von Menschen und Maschinen durch Assistenzsysteme ergibt erste gewinnbringende Ansätze. Mit dem Vorliegen erfolgreicher Beispiele hin zu Geschäftsmodellen von morgen mit BIM und KI erfährt die Veränderung den unternehmerischen Mut und die notwendige Beschleunigung.

Auch wenn vieles heute ungeklärt erscheint und sich im Stadium der Erforschung der Zusammenhänge befindet, so wichtig ist es jetzt, vorauszudenken. Die Stichwörter hierbei sind: BIM und KI, digitale Geschäftsmodelle, IoT und E-Commerce. Wie BIM und Lean Construction wird auch der Einsatz von KI die gesamte Wertschöpfungskette Bau beeinflussen.

Wir wissen, dass

- BIM in der Baubranche für den weltweiten Trend der Digitalisierung steht.
- alles digitalisiert wird, was digitalisiert werden kann.
- BIM und KI idealtypisch zusammenpassen.

Wir spüren die Zeitenwende.

Es ist an der Zeit, KI auf die Tagesordnung zu setzen.

Und auch dabei gilt: Einfach machen.

Anhang

Autorenverzeichnis

GEIGER, Andreas

hat Bauingenieurwesen an der Fachhochschule Karlsruhe studiert. Seit 2002 arbeitet er am Institut für Automatisierung und angewandte Informatik des Karlsruher Instituts für Technologie in der Arbeitsgruppe „Semantische Datenmodelle“. Sein Fachgebiet ist die Modellierung von Datenmodellen in den Bereichen BIM (Building Information Model) und GIS (Geographische Informationssysteme).

Er ist Mitglied bei buildingSMART International und dort aktiv an der Entwicklung und Pflege von buildingSMART-Datenmodell-Standards beteiligt. Der Schwerpunkt liegt hierbei auf dem ISO Standard 16739 (IFC) und mvdXML.

Darüber hinaus ist er seit 2013 Lehrbeauftragter an der Fakultät für Informationsmanagement und Medien der Hochschule Karlsruhe mit einem Lehrauftrag über GIS-Programmierung.

HÖFFLE, Ingo

war nach dem Architekturstudium in Großbritannien und Kaiserslautern viele Jahre in Mannheim als Architekt tätig und plant und baut seit über 15 Jahren Passivhäuser. Heute ist er in der Vollack Gruppe für Architektur und Energie in der Region SÜD verantwortlich. Er ist außerdem als Lehrbeauftragter an der Hochschule Karlsruhe tätig und gefragter Referent für Energieeffizienz, Arbeitswelten und integrale Planung.

KEIM, Florian

hat sich während der Bauzeichner-Lehre in Konstanz und dem anschließenden Architekturstudium auf BIM und Bausoftware spezialisiert. Er ist im BIM-Kernteam und der Region SÜD der Vollack Gruppe als BIM-Manager tätig und verantwortet dort den Bereich Modelliersoftware. Neben seiner Tätigkeit für Vollack, ist er als Lehrbeauftragter für Darstellungsmethodik an der Hochschule Karlsruhe tätig.

KNECHT, Jochen

ist geschäftsführender Gesellschafter und Mitgründer der kreatiVRaum GmbH. Als Digital Evangelist und BIM-Enthusiast treibt der studierte Bauingenieur und -manager mit seinem Unternehmen die Digitalisierung der Bau- und Maschinenbaubranche voran. Mit innovativen KI- und Virtual-Reality-Lösungen bietet er den Branchenakteuren neue Wege der Planung, Kommunikation und Kollaboration im Rahmen der Abwicklung komplexer Projekte. Er ist zudem Lehrbeauftragter im BIM-Zertifikatsstudium an der Hochschule Karlsruhe und ehrenamtlicher Sprecher der buildingSMART-Regionalgruppe Oberrhein.

KNOLMAR, Robert

ist passionierter Programmierer und KI-Visionär. Mit seinen beruflichen Erfahrungen in den Bereichen der Automatisierungstechnik und Gebäudeautomation konnte er bereits früh sein Interesse an Architektur und dem Bestreben die Baubranche zu digitalisieren verknüpfen. Bis 2020 entwickelte er zudem komplexe Webanwendungen und Distributed Systems für die Automobilindustrie und staatliche Sicherheitsinstitutionen. Heute leitet er die Entwicklung innovativer KI- und VR-Lösungen für die Baubranche im Hause der kreatiVRaum GmbH.

KOLB, Christian

Als eingetragener Architekt in der Bayerischen Architektenkammer hat er sich im Jahr 2017 an der Ruhr-Universität Bochum zum BIM-Professional zertifiziert, ehe er die klassische Architektur verließ und zu einem international tätigen Bauunternehmen mit Sitz in Sengenthal wechselte. Dort unterstützte er im Rahmen von BIM-Koordination und BIM-Management die Implementierung von Building Information Modeling im Unternehmen. Seit Mai 2020 stellt er sich als Leiter für Digitales Bauen bei einem Hersteller von Laboreinrichtungen in Wangen im Allgäu neuen Herausforderungen. Eine seiner aktuellen Hauptaufgaben ist die dortige Einführung der BIM-Methodik und das damit in Verbindung stehende Entwickeln, Setzen und Optimieren neuer Prozesse und Standards sowie modellbasierter Arbeitsweisen.

KOSKA, Patrick

studierte Architektur am Karlsruher Institut für Technologie (KIT). Nach seinem Abschluss 2017 ist er als BIM-Manager mitverantwortlich für die Implementierung und Weiterentwicklung von BIM innerhalb der Vollack Gruppe. Seine Schwerpunkte liegen hier insbesondere in den Bereichen Mengen, Controlling und der digitalen Kollaboration. Er ist Dozent beim BIM-Zertifikatsstudium an der Hochschule Karlsruhe und engagiert sich ehrenamtlich in der Arbeitsgruppe BCF bei buildingSMART der Regionalgruppe Stuttgart.

LEISS, Christof

nach seiner handwerklichen Ausbildung und dem Abschluss als Zimmerermeister studierte er am Karlsruher Institut für Technologie (KIT) Bauingenieurwesen. In seiner Masterarbeit widmete er sich der Thematik „Künstliche Intelligenz in der Technischen Gebäudeausrüstung“ wo er Chancen und Potenziale ausgelotet und praktische Konzepte mitentwickelt hat. Aktuell arbeitet er bei der Vollack Gruppe an der Implementierung und Umsetzung dieser Ideen.

MÜHLBAUER, Manuel

Nach seinem abgeschlossenen Architekturstudium an der Technischen Universität München und mehrjähriger Tätigkeit als Architekt, begann Manuel Mühlbauer sich intensiv mit Computer-Aided Design (CAD) zu befassen. In internationalen Forschungsprojekten mit dem Spatial Information Architecture Laboratory (SIAL, RMIT Melbourne), wie Breathing Skin (Visualisierung von Windphänomenen) und Smart Nodes (Topologieoptimierung von Fassadenknoten) arbeitete er an innovativen Optimierungsprozessen für die Baubranche. Seine eigene Idee zur Anwendung von Künstlicher Intelligenz in frühen Entwurfsphasen setzt er mit Partnern im Start-up „Futureimmersion“ um. Hier arbeitet er an innovativen Entwurfsprozessen, um Architekten bei ihrer kreativen Tätigkeit zu unterstützen.

SCHMIDT, Valentin

ist geboren und aufgewachsen in Würzburg. Er hat in Dresden Architektur und in Karlsruhe Baumanagement studiert. Seit 2014 beschäftigt er sich intensiv mit der BIM-Methodik. Heute ist er bei der Vollack Gruppe in Leipzig als BIM-Manager tätig und Dozent an der Hochschule Karlsruhe.

TEIZER, Klaus

war nach dem Bauingenieurstudium in Karlsruhe und Wien viele Jahre im Bau- und Projektmanagement tätig. Heute ist er bei der Vollack Gruppe für Technik und Innovation verantwortlich. Er ist außerdem als Lehrbeauftragter am Karlsruher Institut für Technologie (KIT) und der Hochschule Karlsruhe tätig und engagiert sich ehrenamtlich als Vorstand bei buildingSMART Deutschland e.V. sowie als Sprecher bei der buildingSMART-Regionalgruppe Oberrhein.

WEBER-LEWERENZ, Bianca

studierte Bauingenieurwesen in Konstanz und Mainz. Seit 2007 ist sie im In- und Ausland selbständig tätig. Sie engagiert sich ehrenamtlich als Autorin, beim VDI MINT-Mentoring und wirkt bei den Spitzenfrauen Baden-Württemberg mit. Nach ihrem Abitur schloss sie in Baden-Württemberg als erste Frau eine Ausbildung zur Maurerin ab. Seit 2019 forscht sie zu unternehmerisch verantwortungsvoller Digitalisierung im Bauwesen und gestaltet diese aktiv mit. Sie ist Vertreterin für eine sinnvolle, menschgerechte KI in der Bauindustrie.

ZHONG, Yingcong

hat Maschinenbau mit den Schwerpunkten Mechatronik und Informationstechnik am Karlsruher Institut für Technologie (KIT) studiert. Seine Masterarbeit mit dem Titel „Extraktion primitiver geometrischer Merkmale zur Identifizierung und Wiederverwendung von Objekten in Roboteranwendungen" hat er bei der Firma KUKA geschrieben. Dabei hat er sich mit der Verarbeitung von Punktwolkendaten für Roboteranwendungen beschäftigt.

Seit Juni 2020 arbeitet er im Forschungsprojekt Smart Design and Construction (SDaC) am Institut für Automatisierung und angewandte Informatik (IAI) des KIT. Sein Fachgebiet ist die Entwicklung von KI-Anwendungen für das Bauwesen.

ZIEGLER, Christian

studierte Energiesystemtechnik in Offenburg und Wirtschaftsingenieurwesen mit Schwerpunkt Bau und Immobilien in Karlsruhe. In der Vollack Gruppe bringt er seine mehrjährige Erfahrung in den Bereichen Energiemanagement und der technischen Projektentwicklung mit ein. Als Lehrbeauftragter an der Hochschule Karlsruhe gibt er sein Praxiswissen im Modul „Intelligent Building Design" an die nächste Ingenieurgeneration weiter.

Literaturverzeichnis

Um den Lesefluss zu fördern, wurden die Literaturverweise an das Ende des Buches gestellt. Obgleich der großen Anzahl an Literatur zu BIM und KI bekommt der Leser weiterführende Tipps zum Vertiefen der hier angesprochenen Themen mit an die Hand.

Abbaspour, Amir, u. a.
„BIM-Glossar – Erläuterungen der wichtigsten Fachbegriffe des Building Information Modelling", Reihe BIM-Basics, bSD Verlag, Berlin, Dezember 2020

Bäck, Thomas
„Evolutionary Algorithms in Theory and Practice", Oxford University Press, New York/USA, 1996

Becker, Wolfgang u. a.
„Industrielle Digitalisierung – Entwicklungen und Strategien für mittelständische Unternehmen", Springer Gabler, Wiesbaden, 2020

BMVI Bundesministerium für Verkehr und digitale Infrastruktur (Hrsg.)
„Stufenplan Digitales Planen und Bauen – Einführung moderner, IT-gestützter Prozesse und Technologien bei Planung, Bau und Betrieb von Bauwerken", Berlin, 2015

Borrmann, André u. a.
„Building Information Modeling – Technologische Grundlagen und industrielle Praxis", Springer Vieweg, Wiesbaden, 2015

Bundeszentrale für politische Bildung/bpb
„Digitalisierung", Heft 344, 3/2020, Bonn, 2020

Buxmann, Peter u. a.
„Künstliche Intelligenz – Mit Algorithmen zum wirtschaftlichen Erfolg", Springer Gabler, Darmstadt, 2019

Du, Ding-Zhu u. a.
„History of Optimization", Encyclopedia of Optimization, Springer, Boston/USA, 2008

Geiger, Andreas u. a.
„Building Information Modelling in der Konzeptionsphase der Planung“, 7. Deutsch-Österreichische IBPSA-Konferenz, Tagungsband, S. 52–59, Hrsg. Petra von Both, Karlsruher Institut für Technologie (KIT), Karlsruhe, 2018

Goodfellow, Ian u. a.
„Generative Adversarial Nets“, Proceedings of the 27th International Conference on Neural Information Processing Systems (NIPS) Montreal Canada, S. 2672–2680, Curran Associates Inc., Boston/USA, 2014

Harari, Yuval Noah
„21 Lektionen für das 21. Jahrhundert“, C.H.Beck, München, 2018

Hempel, Steffen u. a.
„Generating Early Design Alternatives Based on Formalized Requirements and Geospatial Data“, Proc. of the 32nd CIB W78 Conference 2015, 27th–29th October, S. 255–264, Eindhoven/Niederlande, 2015

Kreutzer, Ralf T.; Sirrenberg, Marie
„Künstliche Intelligenz verstehen. Grundlagen – Use Cases – unternehmenseigene KI-Journey“, Springer Gabler, Wiesbaden, 2019

LeCun, Yann u. a.
„Deep Learning“, Nature Vol. 521, S. 436–444; Springer Nature, Basingstoke/Vereinigtes Königreich, 2015

Lee, Jay
„Industrial AI – Applications with Sustainable Performance“, Springer Nature, Singapur, 2020

Mahlke, Stefan
„Atlas der Globalisierung“, Le Monde diplomatique/taz Verlags- und Vertriebs GmbH, Berlin, 2019

Obergrießer, Mathias
„Digitale Werkzeuge zur integrierten Infrastrukturbauwerksplanung“, Springer Vieweg, Wiesbaden, 2017

Schneider, Sven u.a.
„Rethinking Automated Layout Design: Developing a Creative Evolutionary Design Method for the Layout Problems in Architecture and Urban Design“, Design Computing and Cognition '10, Tagungsband, S. 367–386ff., Hrsg. John S. Gero, Springer Science + Business Media B.V., Berlin, 2011

Shekhawat, Krishnendra u.a.
„Computer-Generated Dimensioned Floorplans for Given Adjacencies“, Department of Mathematics, BITS Pilani Campus, Pilani/Indien, 2020

Sleiman, Hassan u.a.
„An Assisted Workflow for the Early Design of Nearly Zero Emission Healthcare Buildings“, Energies 2017, 10, 993, MDPI – Publisher of Open Access Journals, Basel/Schweiz, 2017

Spehr, Michael
„Maschinensturm – Protest und Widerstand gegen technische Neuerungen am Anfang der Industrialisierung“, Verlag Westfälisches Dampfboot, Münster, 2000

Teizer, Klaus (Hrsg.)
„BIM und Lean Management in der Praxis“, bSD-Verlag, Berlin, Mai 2020

Abbildungsverzeichnis

Abb. ①	Klaus Teizer
Abb. ②	Vollack Gruppe
Abb. ③	kreatiVRaum
Abb. ④, ⑤	Vollack Gruppe
Abb. ⑥, ⑦, ⑨	Vollack Gruppe
Abb. ⑧	Digitale Ausgabe von Sutherland's Sketchpad Dissertation, Autor: Kerry Rodden Lizenz: https://creativecommons.org/licenses/by-sa/3.0/deed.en
Abb. ①⓪ - ①②	Vollack Gruppe
Abb. ①③ - ①⑤	Vollack Gruppe
Abb. ①⑥ - ①⑧	Manuel Mühlbauer
Abb. ①⑨ - ②②	Karlsruher Institut für Technologie (KIT), Institut für Automation und angewandte Informatik (IAI)
Abb. ②③, ②④	kreatiVRaum
Abb. ②⑤, ②⑥	Vollack Gruppe
Abb. ②⑦ - ③①	Christian Kolb
Abb. ③② - ③⑤	Vollack Gruppe
Abb. ③⑥	Bianca Weber-Lewerenz
Abb. ③⑦, ③⑧	Vollack Gruppe

Glossar

Aktoren

oder auch Aktuatoren genannt, setzen elektrische Signale mechanisch um. Der Gegenpart sind datenerfassende Sensoren.

BACnet

steht für ‚Building Automation and Control Networks' und ist ein ISO-standardisiertes Netzwerkprotokoll für die Gebäudeautomation. BACnet ist ein weltweiter Standard zur interoperablen und gewerkeübergreifenden Kommunikation. Dabei werden andere Feldbussysteme wie KNX, DALI, MBus oder LON mit eingebunden.

BCF (BIM Collaboration Format)

BCF ermöglicht eine modellbasierte Kommunikation im Sinne von Open BIM zwischen den Planungs- und Baubeteiligten und informiert die Beteiligten. Damit können mittels der digitalen Planungskoordination auf Basis der Koordinationsbesprechung die Ergebnisse festgehalten und protokolliert werden. Es handelt sich hier um einen buildingSMART-Standard.

Blockchain

Eine Blockchain ist eine chronologisch erweiterbare Kette von Datensätzen und wird im Kontext digitaler Währungen als Datenbank zur Verwaltung von Geldtransaktionen genutzt.

BUS

ist ein System zur Datenübertragung und wird in Gebäuden zur Fernsteuerung und -überwachung eingesetzt. Die Kurzbezeichnung bedeutet: **B**ack Panel **U**nit **S**ockets und stammt ursprünglich aus der elektronischen Leiterplattentechnologie.

Common Data Environment (CDE)

Das Common Data Environment (CDE) ist ein Werkzeug zur cloudbasierten Eingabe, Erfassung, Speicherung und Kollaboration von Daten und Informationen über den gesamten Lebenszyklus eines Bauwerks im digitalen BIM-Prozess.

Corporate Digital Responsibility

steht mit der Abkürzung CDR in der deutschen Übersetzung für eine unternehmerisch verantwortliche Digitalisierung.

Digitales Geschäftsmodell

Ein Geschäftsmodell ist wie und mit was ein Unternehmen Gewinne erwirtschaftet. Ein digitales Geschäftsmodell basiert auf der digitalen Geschäftsabwicklung beziehungsweise Transaktionen zwischen Anbieter und Kunde.

Digitalisierung

Aufbauend auf analogen Informationen (Daten) wurde ursprünglich unter dem Sammelbegriff „Digitalisierung" das Umwandeln in digitale Formate und ihre Weiterverarbeitung oder Abspeicherung in digitaltechnischen Systemen verstanden. Mittlerweile werden alle Formen technisch vernetzter digitaler Kommunikation vereinfacht erfasst.

E-Commerce

bezeichnet Ein- und Verkaufsvorgänge mittels Internet.

EIB

steht als Abkürzung für ‚Europäischer Installationsbus' und basiert auf der BUS-Technologie. Die technologische Weiterentwicklung und somit Nachfolger vom EIB ist mittlerweile KNX.

Evolutionäre Algorithmen

sind Mechanismen, die von der biologischen Evolution inspiriert sind. Dazu zählen Reproduktion, Mutation, Rekombination und Selektion. Diese Algorithmen werden häufig in Kunst, Modellierung und Simulation verwendet. Sie liefern insbesondere bei großen Datenmengen ein schnelles Ergebnis und werden zumeist eingesetzt, wenn kein Vorwissen vorhanden ist.

Heuristik

bezeichnet eine Vorgehensweise, in kurzer Zeit und mit wenig Wissen zu verwendbaren Aussagen oder Ergebnissen zu kommen.

Human-in-the-loop-Technologie
beschreibt Prozesse im interaktiven Lernen von Mensch und Maschine mit Daten und dem Ergebnis auf Basis von zuvor festgelegten Aufgabenstellungen.

IFC (Industry Foundation Classes)
ist ein hersteller- und länderübergreifendes Austauschformat für den modellbasierten Daten- und Informationsaustausch in allen Planungs-, Ausführungs- und Bewirtschaftungsphasen. IFC sind unter ISO 16739 als internationaler Standard registriert. IFC ist eine Grundlage für Open BIM. buildingSMART International entwickelt und etabliert IFC als offenen Standard für das weltweite Bauwesen.

Industrie 4.0
ist eine Begriffsbezeichnung zur umfassenden Digitalisierung der industriellen Produktion, um sie für die Zukunft besser zu rüsten.

Internet of Things (IoT)
Das Internet der Dinge (Internet of Things) ist ein Sammelbegriff für Technologien einer globalen Infrastruktur, die es ermöglicht, physische und virtuelle Gegenstände miteinander zu vernetzen.

KNX
steht für Konnex. KNX ist ein Datenübertragungssystem in der Gebäudeautomation zur Fernsteuerung und -überwachung von Gebäuden auf Basis der BUS-Technologie. KNX ist eine technologische Weiterentwicklung von EIB. KNX ist mit EIB kompatibel.

Kognition oder kognitiv
beschreibt alle menschlichen Vorgänge wie Wahrnehmen, Nachdenken, Problemlösung und Erkennen von Mustern sowie dem Dazulernen.

Künstliche Intelligenz (KI)
Der Begriff KI, auch artifizielle Intelligenz (AI) genannt, ist ein Teilgebiet der Informatik, welches sich mit der Automatisierung intelligenten Verhaltens und dem maschinellen Lernen befasst.

Logikprogrammierung

Logische Programmierung basiert auf einer mathematischen Logik, welche aus einer Menge von richtig erkannten Grundsätzen (Axiomen) auf Basis von Fakten zu verstehen ist.

Machine Learning (ML)

Ist ein Oberbegriff für die „künstliche" Generierung von Wissen aus Erfahrung: Ein künstliches System lernt aus Beispielen und kann diese nach Beendigung der Lernphase verallgemeinern.

Mathematisches Lernen

Das Ziel ist unter vorgegebenen Bedingungen mittels der mathematischen Optimierung ein optimales Ergebnis zu erlangen. Die Optimierungsaufgaben können analytisch, iterativ oder heuristisch gelöst werden.

MQTT

bedeutet Message Queuing Telemetry Transport und ist eine offene Kommunikationssprache in Form eines Netzwerkprotokolls für Machine-to-Machine-Kommunikation (M2M).

Smart Contracts

steht für die digitale Transformation von analog-papierorientieren Liefer- und Nachunternehmerverträgen in der Verhandlung und Abwicklung.

Smart Home

beschreibt als Begriff die Vernetzung von Geräten und technischen Installationen in Häusern und Räumen zur Erhöhung der Wohn- und Lebensqualität, Sicherheit und Energieeffizienz.

Abkürzungsverzeichnis

AHO	Ausschuss der Verbände und Kammern der Ingenieure und Architekten für die Honorarordnung e.V.
AIA	Auftraggeber-Informations-Anforderung
AVA	Ausschreibung-Vergabe-Abrechnung
BACnet	Building Automation and Control Networks
BAP	BIM-Abwicklungsplan
BAS	Benutzeradressierungssystem
BIM	Building Information Modeling
BUS	Back Panel Unit Sockets (19-Zoll-Racks/Sammelschiene)
CAD	Computer Aided Design
CAFM	Computer Aided Facility Management
CDE	Common Data Environment
CDR	Corporate Digital Responsibility
DIN	Deutsches Institut für Normung
EIB	Elektronischer Installationsbus
GEG	Gebäude-Energie-Gesetz
HLSK	Heizung-Lüftung-Sanitär-Kälte
HOAI	Honorarordnung für Architekten und Ingenieure
IFC	Industry Foundation Classes
KI	Künstliche Intelligenz
KNX	Konnex
KPI	Key Performance Indicator
KVP	Kontinuierlicher Verbesserungsprozess

Lph	Leistungsphase (gemäß der HOAI)
IT	Informationstechnik
LV	Leistungsverzeichnis
MDG	Modelldetaillierungsgrad
ML	Machine Learning
MQTT	Message Queuing Telemetry Transport
PBOD	Plan-Build-Operate-Decommission
IoT	Internet of Things (Internet der Dinge)
RFID	Radio-Frequenz-Identifikation
TGA	Technische Gebäudeausrüstung
TPTS	Taktplanung – Taktsteuerung
TVD	Target Value Design

Impressum

Herausgeber: buildingSMART Deutschland e.V.

Haus der Bundespressekonferenz / 4103
Schiffbauerdamm 40
10117 Berlin

Telefon: +49 30 2363667-0
Telefax: +49 30 2363667-205
www.buildingsmart.de
E-Mail: geschaeftsstelle@buildingsmart.de

Gestaltung: *fernkopie*
Satz: B&B Fachübersetzergesellschaft mbH
Druck: ddz Berlin
Gedruckt auf säurefreiem, alterungsbeständigem Papier nach DIN EN ISO 9706

ISBN 978-3-948742-51-5